村庄规划

◎程茂吉　汪　毅　著

东南大学出版社
SOUTHEAST UNIVERSITY PRESS
·南京·

图书在版编目（CIP）数据

村庄规划 / 程茂吉,汪毅著 . -- 南京：东南大学
出版社，2021.12
　ISBN 978-7-5641-9863-3

　Ⅰ.①村…　Ⅱ.①程…　②汪…　Ⅲ.①乡村规划—研
究—中国　Ⅳ.① TU982.29

　中国版本图书馆 CIP 数据核字（2021）第 254258 号

责任编辑：许　进　责任校对：子雪莲　封面设计：王　玥　责任印制：周荣虎

村庄规划（CunZhuang GuiHua）

著　　者：程茂吉　汪　毅
出版发行：东南大学出版社
社　　址：南京四牌楼 2 号　邮编：210096
网　　址：http://www.seupress.com
电子邮件：press@seupress.com
经　　销：全国各地新华书店
印　　刷：南京新世纪联盟印务有限公司
开　　本：787 毫米 ×1092 毫米　1/16
印　　张：14.25
字　　数：300 千
版　　次：2021 年 12 月第 1 版
印　　次：2021 年 12 月第 1 次印刷
书　　号：ISBN 978-7-5641-9863-3
定　　价：136.00 元

本社图书若有印装质量问题，请直接与营销部联系。电话（传真）：025-83791830

序

言

习近平总书记在2019年全国两会期间提出：按照先规划后建设的原则，通盘考虑土地利用、产业发展、居民点布局、人居环境整治、生态保护和历史文化传承，编制多规合一的实用性村庄规划。2019年5月，《中共中央、国务院关于建立国土空间规划体系并监督实施的若干意见》印发，正式明确国土空间规划是国家空间发展的指南、可持续发展的空间蓝图，是各类开发保护建设活动的基本依据，提出建立"五级三类"国土空间规划体系，即总体规划、详细规划和相关专项规划。该意见明确在城镇开发边界内编制详细规划，在城镇开发边界外的乡村地区，以一个或几个行政村为单元，由乡镇政府组织编制"多规合一"的实用性村庄规划，作为详细规划。作为详细规划的村庄规划被赋予新的定位与要求，是法定规划，是国土空间规划体系中乡村地区的详细规划，是开展国土空间开发保护活动、实施国土空间用途管制、核发乡村建设项目规划许可、进行各项建设等的法定依据，也是实施乡村振兴的重要保障。

2019年5月，自然资源部办公厅印发《关于加强村庄规划编制促进乡村振兴的通知》，鼓励各地结合实际，以一个或几个行政村为单元，根据需要编制村庄规划，《通知》明确规划范围为村域全部国土空间，要有效整合村土地利用规划、村庄建设规划等乡村规划，实现土地利用规划、城乡规划等有机融合的"多规合一"。《通知》明确了村庄规划编制的主要任务，包括统筹村庄发展目标、统筹生态保护修复、统筹耕地和永久基本农田保护、统筹历史文化传承与保护、统筹基础设施和基本公共服务设施布局、统筹产业发展空间、统筹农村住房布局、统筹村庄安全和防灾减灾，以及明确近期急需推进的生态修复整治、农田整理、补充耕地、产业发展、基础设施和公共服务设施建设、人居环境整治、历史文化保护等项目。要因地制宜，分类编制规划，根据村庄定位和国土空间开发保护的实际需要，编制能用、管用、好用的实用性村庄规划。

长期以来，我国城乡规划领域的核心是城市，乡村并未得到真正的关注。乡村地区总体上作为非集中建设空间，规划管控体系不清晰、管控内容较为粗放，主要作为限制建设区进行空间用途管控，对于村庄的规划引导主要侧重于村庄聚落的建筑建设和环境整治。在国土空间规划体系改革之前，同一片乡村空间多种规划同时并存,其内容、深度、侧重点、发挥作用等均有所不同,不可避免地出现规划间存在不一致甚至矛盾的情况。例如,住建条线的村庄规划,侧重于居民点(自然村庄)的规划建设、环境整治、历史文化保护等,对行政村村域的关注或研究相对薄弱;国土条线的村庄规划,侧重于行政村村域层面的土地利用安排、基本农田保护和土地整理等,对于居民点(自然村庄)物质空间环境的改善提升关注较少。在新的背景下,作为乡村地区用途管控的基本依据,全域全要素空间统筹是此次村庄规划的改革核心要求。村庄规划既要有效传承县(市)和乡镇国土空间规划的要求,明确行政村全域全要素的国土空间规划用途和管制规则,实现对村域的生态空间、农业空间和建设空间的系统性安排,实现把每一寸国土规划得清清楚楚的目标,还要在此基础上,对村庄的建设整治活动提出引导要求。

根据国家关于村庄规划的定位和主要任务,借鉴总结新中国成立以来尤其是近二十年来不同类型村庄规划的实践,有机融合原住建部门村庄布点规划和村庄建设规划及原国土管理部门有关镇村土地利用详细规划的技术要求,按照城镇开发边界之外法定详细规划的定位,兼顾村庄居民点建设整治规划的要求,编写了本书。本书共分为五篇十四章,第一篇概念与理论,主要对村庄有关的概念进行定义,梳理总结了村庄规划的理论来源。第二篇实践与演变,系统梳理总结我国新中国成立后村庄规划的技术重点和国外村庄规划的技术内容体系,为确立新时代背景下的村庄规划技术重点提供经验借鉴。第三篇传承与定位,重点对比研究了两类不同体系的村庄规划的异同,根据国家空间规划体系改革的要求,提出了新背景下作为详细规划定位的村庄规划的技术重点和规划内容体系。第四篇组织与编制,主要介绍了村庄规划编制工作的计划安排和现状调研要求,分别从发展定位和指标体系、村域土地用途管制、专项规划、图则编制等方面较为详细地阐述了村庄规划主要内容的编制要求。第五篇成果与报批,就村庄规划成果表达和构成以及村庄规划的报批工作进行了讲解阐述。本书可供从事村庄规划和建设管理的专业技术人员使用,也可供各级村庄规划与建设的管理人员参考,亦可作为村庄规划与建设专业教学的参考书。

本书结合南京市规划和自然资源局《南京市村庄规划编制技术细则》和部分试点村庄编制工作,根据村庄规划编制工作教材的需要编写,得到了南京市规划和自然资源局潘文辉副局长和赵勇、刘洋、吕倩、于艳等同志的指导和帮助。编写中引用了很多村庄规划和建设的图片、图表和数据,还参考了许多村镇规划与建设的书籍与论文、资料,丰富了本书的内容,对此深表谢意。

本书由南京市规划设计研究院有限责任公司程茂吉拟定框架,各章编写者分别为:第一、第二、第三章程茂吉,第四章程茂吉、汪毅,第五章汪毅,第六章汪毅、程茂吉,第七、第八、第九章程茂吉,第十章程茂吉、尹然,第十一章程茂吉,第十二、第十三、第十四章汪毅、尹然,全书由程茂吉统稿和定稿。南京市规划设计研究院有限责任公司的姜淑琴、张浩南、马斌参与了部分资料整理和准备工作,孔宁、施旭栋协助提供了部分图片。本书在编写过程中,东南大学出版社在结构和选材方面做了大量工作,并提出了许多有益的建议,特表示感谢。

由于编者水平有限,书中的缺点、不足在所难免,敬请广大读者批评指正。

目 录

第一篇

概念与理论

1

　　对概念进行较为系统的认知并有明确的内涵界定,是一个学科前行的基础,也是进行科学规划编制和规划管理工作的前提。要准确地界定村庄的内涵,有必要区分一下几个重要的相关概念。

1.1　乡村

　　对于乡村的定义,不同学科从各自研究角度提出了各自的认识。[①]

　　古代中国是一个农耕国家,乡村成为这个伟大文明古国构成的基本细胞单元,催生了灿烂的中华文明。乡村作为乡村地理学的核心概念,长期以来是其研究的重点。中国早期的乡村地理研究普遍认为乡村是城市以外的广大地区。生态学和地理学从人口分布、景观、土地利用特征和隔离程度等生态背景下定

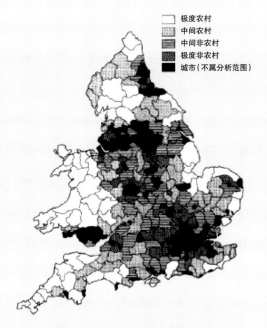

极度农村
中间农村
中间非农村
极度非农村
城市(不属分析范围)

图1-1　1981年英国乡村性测度
资料来源:郭紫薇,洪亮平,乔杰,等.英国乡村分类研
究及对我国的启示[J].城市规划,2019,43(3):76.

---

① 汪晓春.乡村规划体系构建研究——以江苏实践为例[D].哈尔滨:哈尔滨工业大学,2018:16.

村庄的定义和概念

义乡村,认为乡村是指城市建成区以外的一切区域,是个空间地域系统,土地利用类型为粗放型利用的农业用地,有着开敞的郊外和人口较小规模的聚落[①]。

由于城乡之间存在着大量的过渡地带,比较常用的方法是根据统计指标所量度的一些农村社会空间特征,来进行乡村地区和城市地区的地理划分。如以人口数量计,城镇比农村具有较大的人口规模。英国将乡村界定回归为简单的人口密度,将所有的 10 000 人以上的人口集聚区域定义为"城",其他地区则统一称为"乡村"。但是,不同国家由于社会经济状况不同,所用的乡村地区人口规模的上限也不同。一些国家采用了综合性指标,除了人口规模之外,还包括人口密度、土地利用以及距中心城市的距离等。在特殊国情下,中国还应考虑经济水平以及非农业人口比例等指标。

一些学者提出以乡村性指数的概念来定义农村性的程度,用以界定乡村地区[②]。英国学者保罗·克洛克认为城乡之间没有明确的界线,而是表现为各类社会要素的逐渐过渡,于1977年提出"乡村性"(rurality)作为判断一个地区是城市还是乡村的重要概念,以此为依据把英国乡村分为极度农村、中间农村、中间非农村、极度非农村四类。保罗·克洛克从1961年及1971年英格兰和威尔士地区的人口普查数据中选取了16个变量,涉及就业、人口、移民、住宅、土地使用、距离等方面,力图反映地区社会经济状况及乡村规划关注点。通过主成分分析方法计算每个变量的特征值,确定每个变量对乡村性的贡献大小。负值越大说明该地区具有更显著的农村特性,反之则具有更显著的城市特性,最后利用四分位分类方法得出四种地区类型。

美国则根据城市化密集程度把乡村描述为非大都市区。对于乡村地区的定义和统计,美国的不同部门也有不同的分类标准。按照美国统计局的分类,城市地区有两种类型:一类是人口5万人及以上的城市化区域,另一类是人口在2 500人以上不到5万人的城市簇,除此之外的区域均归入乡村地区。而美国农业部定义的乡村地区是指基于县级单位的非都市区,这类以县为基础的非都市区内部包括了开放空间、乡村集镇(人口不到2 500人)和城市化区域(人口在2 500—49 999人)三类。综合这两个主要标准,可以将人口聚集点规模在2 500人以下的区域均统计为乡村。根据2014年数据,虽然乡村土地面积占美国全部国土面积的72%,但是仅有15%的人口,即4 620万人居住于乡村地区[③]。

在目前英国公共部门和政府文件中,最广泛使用的是2011年版英国城乡分类体系(RUC2011)。在2001年以前,英国将建成面积20 hm² 以上、人口10 000人以上的区域划定为城市,其他区域都被当作乡村,这种分类方法存在明显的二元倾向且缺乏次级层次的划分。2002年,英国多个部门组成专门小组开展了新的城乡细分研究,提出两个层次

① 李京生.乡村规划原理[M].北京:中国建筑工业出版社,2018:2.
② 郭紫薇,洪亮平,乔杰,等.英国乡村分类研究及对我的启示[J].城市规划,2019,43(3):76.
③ 屠帆,宋海荣,郭洪泉.美国乡村社区规划经验及借鉴[J].中国土地,2017(9):52.

的城乡分类体系。2012年谢菲尔德大学接受委托对分类进行更新,并运用到更小的数据单元上。研究团队根据全国邮区编号和2011年人口普查数据,以居民点规模与"稀疏度"为核心指标,提出四种城市类型和六种乡村类型。

从空间景观的角度,通常通过人口在空间上的分布状况差异,以及与城镇景观的区别等方面来定义乡村,认为乡村就是人口密度较低、规模较小的地方,并且外围覆盖了大量的生态空间。加雷斯·刘易斯(Gareth Lewis)认为:乡村是聚落形态由分散的农舍到能够提供生产和生活服务功能的集镇所代表的区域。还有一些学者从社会文化角度定义农村社会,认为城市和农村的居民在价值和行为方面、城市和农村的社区在社会和文化特点方面都有明显的区分。

从人类聚落学角度,很多专家认为中国传统乡村聚落的形成经历了漫长的历史过程,是农业生产和农村生活活动与自然环境相互作用的结果[1]。由于长期定居的特点,金其铭认为中国农村聚落包括除城市以外的所有村庄和自然集镇。因此,农村聚落绝非一个不包含集镇的居民点。按照我国《关于统计上划分城乡的暂行规定》(国统字〔2006〕60号),以民政部门确认的居民委员会和村民委员会为最小划分单元,将我国的地域划分为城镇和乡村。城区和镇区是街道办事处所辖的居民委员会地域和其他城镇公共设施、居住设施等连接到的其他居民委员会地域和村民委员会地域,以及常住人口在3 000人以上的独立工矿区、科研单位、农场等特殊区域,而乡村则为城区、镇区以外的其他区域。这样的划定主要依据是土地所有制、人口城镇化密度和城镇化设施覆盖程度以及实施管治的不同手段。这种划定方式虽然不能满足今后城乡之间的融合发展及人口相互流动的趋势,但是从目前的实际需求来看,具有现实性和合理性,也具有较强的可操作性。就我国城乡规划编制和实施管理体系来说,乡村是一定行政区划范围内,除去城市和镇区的规划建设用地,以及其他按照城镇规划建设管理模式实施管理的用地以外的所有地域。

从发展的角度,乡村的概念与内涵会随着城乡关系的演变而有所调整。伴随着工业化和城市化进程,德国的乡村地区不再仅仅处于工业社会的边缘地带,而是发展成为与城市地区在经济、社会各个方面高度关联的地区[2]。相应地,在规划的技术内容中,乡村地区的建设问题也就不再被视为城市地区建设问题的附属物,乡村地区获得了与城市地区平等的地位。在行政体制方面,德国也不存在类似于我国受上级市、县行政机关管辖的乡和村的行政管理层,其小型乡村社区与附近的大城市的地方政府之间是平级而非上下级的关系。基于这种相对平等的政治地位和规划工作对城乡统筹关系的认识,1965年在指导空间整体发展的《空间秩序法》中,不再使用城市这一概念,而是改用"密集型空间"

①　张尚武,孙莹.城乡关系转型中的乡村分化与多样化前景[J].小城镇建设,2019(2): 5.
②　易鑫.德国的乡村规划及其法规建设[J].国际城市规划,2010(2): 11.

和"乡村型空间"对整个国土空间进行划分。密集型空间是由中心城市及其周边"城市化"的小城镇群所组成的地区。在"密集型空间"之外是被称为"乡村型空间"的聚落地区。这些地区的农业经济地位大大降低,同时已经与工业化和后工业化的城市地区关系越发紧密。乡村地区中拥有越来越多的非农业经济活动功能,这种特征在中国的东部发达地区特别是在大都市周边地区已经明显表现出来。

1.2　村庄

村庄,又称村子、村寨、村落、聚落等[①]。村庄与乡村,是既有联系又有区别的概念。村庄,农村聚落的场所,它是以农业(包括耕作业和林牧副渔业)生产为主的居民点,有时候村庄又被称为村落[②]。在空间地域上,村庄既包括村民居住的居民点,也包含其农业生产空间,属于广义的乡村范畴。

人类最早出现的聚落形式是村庄。它的形成是一个长期的历史过程,也是多种因素综合作用的产物。从内涵上看,村庄作为一种地理景观,并非仅指农家居住的聚落,"一方面,以农家的居住聚落区所代表的,眼睛看得见的空间现象,可称之为村落;另一方面,则代表居民意志,以眼睛不易看出的社会集团,也可以称之为村落。所以,村落应该是两种角度的总称。"[③]因此,对村庄的理解,不仅要考虑其空间布局、景观形态与功能结构,还需要综合考虑经济发展、生态环境、社会变迁、文化心理、乡风民俗等多方面的因素。

图1-2　某行政村与所包含自然村分布图
资料来源:作者结合项目实践自绘

农村与村庄,是既有联系又有区别的两个概念。农村主要指非城市的广大乡间区域,常被称为乡村,又由于非城市的乡间人类活动区域主要以农耕业为主,也被称为农村;村庄则一般指在农村地区的人口居住聚落,常被称为

① 安国辉,等.村庄规划教程[M].北京:科学出版社,2019:1.
② 张泉,王晖,梅耀林,赵庆红.村庄规划[M].北京:中国建筑工业出版社,2011:3.
③ 陈芳惠.村落地理学[M].台北:五南图书出版公司,1984:61-62.

"村落"。因此,与村庄相比,农村是一个更为广泛的概念。农村不仅包括作为居住聚落的村庄,还包括居住聚落以外更为广阔的非城镇地域,包括农田、森林、水面、草原等。

在目前的我国规划编制和管理体系中,还需要分清"行政村"与"自然村"的概念。"自然村"指农村居民自然聚居而形成的村落,"行政村"是村民委员会管辖范围内的自然村的总和,与行政村相对应的下一个管理层级是村民小组,村民小组既是所包含的村民的集合体,也指这些村民共同拥有的土地的总称。行政村是依据我国1998年颁布实施的《村民委员会组织法》设立的村民委员会进行村民自治的管理范围,是中国基层群众性自治单位。行政村是中国行政区划体系中最基层的一级,设有村民委员会或村公所等权力机构。村民委员会可以根据村民居住状况、集体土地所有权关系等分设若干村民小组。国家有关部门布置推动村庄规划工作,也多有提及,譬如完成村庄布局、划分村庄类型等,显然这是以一个行政村的完整村域空间作为基本单位。村民委员会是村一级的最高权力机构,属于自治组织。"自然村"人口从几十人到几百人乃至几千人不等。在许多地方,行政村与自然村是重叠的,一个自然村就是一个行政村;在更多的地方,一个行政村常包括几个到几十个自然村;少数情况下,也有一个规模较大的自然村包含两个乃至两个以上行政村,或者是不同行政村的部分村民共同形成一个自然村。在中国,北方平原地区的自然村通常比较大,南方丘陵水网地区的自然村通常比较小。

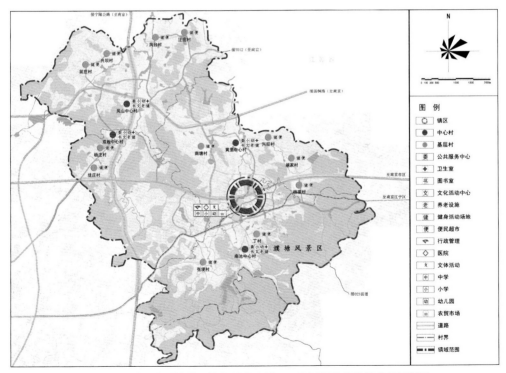

图1-3　马鞍山市濮塘镇总体规划中心村——基层村公共设施分级规划图

资料来源:马鞍山市城乡规划局、濮塘镇人民政府,《马鞍山市濮塘镇总体规划(2016—2030年)》,2017.

从基层管理和公共服务设施配置的角度,还有中心村和基层村的区别。中心村与基层村的区分主要基于公共设施的配置不同,来自2007年住建部制定的《镇规划标准》。中心村为镇域镇村体系规划中,设有兼为周围村服务的公共设施的村,一般村庄规模较大或者位置居中。基层村为镇域镇村体系规划中,中心村以外的村。根据这个标准,1 000人以上的村庄为特大型村庄,601到1 000人的为大型村庄,201到600人的为中型村庄,200人及以下的为小型村庄。一般情况下,中心村一般是村民委员会的所在地,是农村中从事农业、家庭副业、工业生产活动的较大居民点,有为本村和附近基层村服务的一些生活福利设施,如商店、医疗站、小学等。人口规模一般在1 000—2 000人。基层村,也就是一般的自然村,是农村中从事农业、家庭副业生产活动的最基本的居民点,一般只有简单的生活福利设施,甚至没有。

我国2008年实施的《城乡规划法》提出的村庄规划是以行政村为对象的规划,便于对村庄土地利用和各类建设行为进行管理。2019年国家构建的新的国土空间规划体系提出的五级三类规划体系,明确城镇开发边界以外的农村地区以村庄规划作为规划管控依据,指的也是以行政村为对象,这样便于与乡镇等上位规划有效传导,也便于一个乡镇各个村庄之间无缝衔接和国土空间规划全域覆盖。总体来看,与发达的工业化国家类似,随着城市化进程的加快,我国全国范围内自然村数量开始逐年减少,从2004年的320.7万个减少到2018年的245.2万个,15年间减少近1/4[1]。

1.3　非集中建设区

因地域空间上高度重叠,与村庄概念密切相关的还有非集中建设区。2000年以来,国内对"城市非建设用地""非建设用地""城市非建设性用地"等类似概念内涵进行过热烈的研究和讨论[2]。"城市非建设用地"的概念界定,具有代表性的是"城市总体规划所确定的,城市规划区范围内,在规划期内不被用于城市建设的用地"[3],罗震东、张京祥、朱查松等学者表示了认同。盛洪涛在"非城市建设用地""非建区"等概念基础上,延伸出"非集中建设区"的概念并对其进行了定义和研究。

非集中建设区一般指规划集中建设地区之外的所有空间,绝大部分空间为规划期内的乡村空间,基本上为村庄空间,但也包含一部分零星分散的区域性基础设施、工矿企业和点状开发的旅游设施。盛洪涛等将"非集中建设区"定义为城市规划所确定的,在规

① 李和平,贺彦卿,付鹏,等.农村型乡村聚落空间重构动力机制与空间响应模式研究[J].城市规划学刊,2021(1):38.
② 袁丽萍,王文卉,黄亚平.城市外围"非建设区"相关概念辨析与规划实践应用探讨[C]//活力城乡,美好人居——2019中国城市规划年会论文集(14规划实施与管理),2019.
③ 冯雨峰,陈玮.关于"非城市建设用地"强制性管理的思考[J].城市规划,2003(8):68.

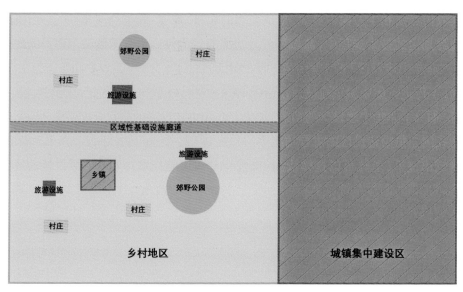

图1-4 城市非集中建设地区（乡村地区）示意图

资料来源：作者自绘

划期内不被用于城市大规模建设的用地，主要包括城市规划所划定的集中建设区以外的禁止建设区、限制建设区以及独立集镇、村庄及其他建设用地[①]。"非集中建设区"概念的提出主要强调了这类区域并非简单均质的"绿色"区域，而是一个既有"城"，又有"乡"，既以生态、农业空间为主，又分布小规模建设用地的区域。

"非集中建设区"概念达成共识是基于2016年出台的《城市总体规划编制审批管理办法（征求意见稿）》中对"集中建设区"的定义："具有城市形态，用于城市发展和集中建设的区域，包括已建城区、规划城市中心城区和规划中确定的新城、新区及各类开发区，组团式城市的主城和副城，不包括外围独立发展的县城、县级市及镇区。"由此延伸出其对立概念"非集中建设区"是指市域范围内除去规划建设区、新区组团以外的区域。此区域内不仅包括没有建设行为的各类生态空间，而且包括中心城区之外的县城、镇区、乡村和一些特殊建设空间（如区域市政设施、风景名胜设施等），各地规划管理机构认为这个空间不应简单作为非建设空间来管理，而应允许适度的线型和点状区域性和城镇性功能存在和建设。

但总的来看，非集中建设区一般为区域概念，功能内涵不太明晰，与行政边界关联不强，往往也缺少空间层次传递，缺乏规划体系和规划管理制度支撑，非集中建设区的概念和基于这个概念建立起来的规划编制和管理的作用在逐步弱化。随着新的国土空间规划体系逐步建立，国土空间规划明确提出在市县域空间规划中要"划定城市开发边界、永

---

① 张茜,赵彬,周文.非集中建设区规划路径与技术方法研究——以南京江北新区非集中建设区为例［C］//活力城乡,美好人居——2019中国城市规划年会论文集（08城市生态规划）,2019.

久基本农田红线和生态保护红线,形成合理的城镇、农业、生态空间布局"。在国家城镇开发边界划定的技术规程中,将城镇开发边界界定为可以进行城镇集中建设的地区,也印证了"非集中建设区"的空间存在,即在城镇开发边界之外,是农业和生态为主导功能的空间,不得进行集中城镇建设,仅允许特殊的点状、线型和农村居民点规划建设。这样的规定,细分了非集中建设区的功能,细化了非集中建设区的空间管控要求,也继承了十几年来我国非集中建设区的主导功能界定和规划管控要求、管控手段。在未来新的国土空间规划语境下,总体可以这样认为:非集中建设区是指城市开发边界以外的地区,是"农业空间"和"生态空间"的集合。

2.1　中国古代村落规划思想

作为传统的农耕文明国家,乡村一直在中华文明进程中占据主导地位,不仅奠定了国家的经济基础,也产生了灿烂的中华文明,同时也孕育了独特的乡村规划思想。

学术界普遍认为中国古代有城市规划思想而没有村落规划思想,这是不客观的[①]。诚然,中国古代村落规划不像城市规划那样有着固定不变、规整划一的模式,也没有像《周礼·考工记·匠人营国》那样的营造城市的经典,但是不少保存下来的古村落及其宗谱文献中记述的情况表明:中国古代聚族而居的村落大都有着系统的规划思想。

乡村的起源是自发的,中国古代村落规划思想起源于原始聚落。在原始农业兴起之后,人们开始在沿江河湖沼的地方建造住所,过定居生活,按照氏族血缘关系组成一个个"聚"落,这并非单独的居住地,而是与耕地等各种生产基地配套建置在一起。这种配套建置的聚落,孕育着规划思想的萌芽。西安半坡聚落是形成于距今五六千年前的母系氏族社会遗址,位处西安城以东6公里的浐河二级阶地上,呈南北略长、东西较窄的不规则的圆形,面积约5万平方米。经发掘,其整个聚落由三个性质不同的分区组成,即居住区、氏族公墓区、陶窑区,说明聚落分区

图2-1　安徽古徽州歙县著名的风水村"宏村"
资料来源:https://www.sohu.com/a/218446112_113213

---

① 刘沛林.论中国古代的村落规划思想[J].自然科学史研究,1998,17(1):82-90.

2 村庄规划的思想和理论基础

规划的概念开始出现。陕西临潼的姜寨聚落，从其发掘遗址来看，也是由环绕中心广场的居住房屋组成，居住区周围挖有防护沟，沟外分布着氏族公墓和制陶区，其总体布局与上述半坡聚落如出一辙。

中国古代村落规划思想由多方面的要求组成，归纳而言，大致有以下几个方面：

一是宗族礼制。宗族制度盛行，是中国古代社会的重要特征之一。很多村落聚族而居，宗族关系构成社会群体的纽带。以血缘关系为纽带连接起来的众多家庭组成家族、宗族，形成无形的社会结构，不仅影响着村民的生活方式，而且影响着村民的居住方式与村庄形态[①]。以血缘关系为纽带而组建的村落，在原始聚落中已有明显表现，这种由血缘派生的"空间"关系，数千年来一直影响着中国传统村落的形态。由于宗族关系在古代礼俗社会中占有重要地位，因此，村落的布局首先强调的是宗祠位置的布局。虽然说宗祠的普遍兴建是在唐宋以后，但从原始半坡聚落开始的氏族首领位居村落中心的传统却一直沿袭，因此，宗族祠堂或宗族首领（族长）住房的位置通常被首先考虑，即"君子营建宫室，宗庙为先，诚以祖宗发源之地，支派皆源于兹"。整个村落的布局便习惯地以宗祠（或族长房）为中心展开，在平面形态上形成一种由内向外自然生长的村落格局。血缘宗法关系在村落空间布局中有着明显反映。族中长老居最上层，统管全村，下面分出若干个支系，支系之长统领着各房后人。常有村东为长房，村西为次房等尊卑大小之分。皖南西递村，以规模最大的总祠（敬爱堂）为全村中心，下分9个支系，各据一片领地，每个

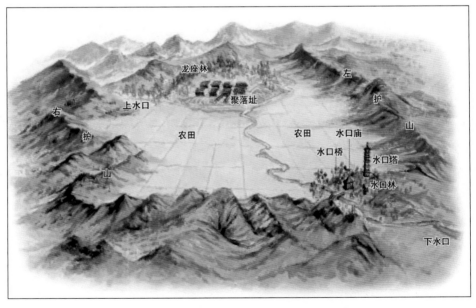

图2-2　理想风水宝地模式图　绘图／付大伟
资料来源：https://www.sohu.com/a/218446112_113213

---

① 张泉,王晖,梅耀林,赵庆红.村庄规划[M].北京:中国建筑工业出版社,2011:9-10.

支系都有一个支祠作为副中心,整个村落分区明显。

二是宗教信仰。宗教是历史时期人类精神生活的重要组成部分,对村落空间的形成有着重要影响。台湾苗栗市嘉盛庄村落空间的组成,是以中心的文昌庙及其四周的土地庙为节点展开布局的。少数民族居住地,多为聚族而居的村寨,人们信奉"万物有灵"的原始宗教,认为村寨有寨心神,以保护全寨人畜平安、五谷丰登。入寨口有寨门神,用以驱挡邪恶。他们在建寨之初就表现出明显的规划理念。建寨之初,首先确立寨心,然后竖寨门,定边界(竖木桩),立寨墙(牵草绳),再建住房,四个寨门相连形成街道,住房成组成片地修建。这种在原始宗教驱使下,使村寨布局呈现主次分明、先后有序、分区明显的空间形态,是村寨初期的、原始的规划萌芽。云南傣族信奉佛教,村落人口聚集处或村中心建有佛寺,任何建筑不得高于佛寺,村落以佛寺为中心或焦点展开布局。

三是风水观念。传统村落的选址和空间布局体现了人、建筑与环境之间的和谐共生,是"天人合一"传统生态观念的直接反映。在早期的村落发展中,自然地理因素对村落的区位起着决定性的作用[①]。中国古代村落遵循的所谓"君子营建宫室,宗庙为先""水口之山,欲高而大""凡山村大屋要河港盘旋"等等,也是一种有目的、有规范的规划思想。只是村落的规划多讲究因地制宜,对上述原则的把握更侧重于宏观选址布局方面,追求自然生长,不像古代城市那样讲究规整划一。作为一种思想观念,风水对中国古代村落的选址和布局产生了深刻而普遍的影响。人类从一诞生便与环境打交道,环境的好坏往往对人的生活和行为产生积极或消极的影响,人们无法凭自身的力量对环境圈进行根本性的改变,唯一可行的就是顺应和利用自然环境。风水就是因此而产生的一门关于环境选择的学问。风水学的长期发展,形成了它特有的环境模式,要求有山为依托,依山面水靠山即"龙脉"所在,称玄武之山;左右护山分别称作"青龙""白虎";前方近处之山称作"朱雀",远处之山为朝、拱之山;中间平地称作"明堂",为村基所在;明堂之前有蜿蜒之流水或池塘。这种由山势围合形成的空间利于藏风纳气,是一个有山、有水、有田、有土、有良好自然景观的独立生活空间。传统村落的规划不同于现代城市建设规划中的移山平地,人们建造房屋时总是尽可能地与山势结合,重视自然资源的合理利用。许多古村落在选址和营建中,尽量利用自然环境和自然水系脉络特点,依山就势,沿水而居,并通过种种自然材料的运用及建筑营造方法,谋求与周边环境的融合协调[②]。

古代风水理念最有代表性的是管子的建城思想,这一思想应用在村落规划中主要体现在:(1)村落选址。村落选址要有充足的水源,这是村落发展的必备条件。村落的位置不应过高,恐饮水困难,也不应过低,以防水患。(2)结合自然。管子的规划思想与儒家

①　李京生.乡村规划原理[M].北京:中国建筑工业出版社,2018:41,43.

②　同上注。

的思想不同,要重"地利",不必遵照"规矩"与"准绳"。这种思想具有普遍而实用的价值,被广泛运用在城市和乡村规划中。从现代村庄规划角度来看,按照背山、面水、坐北朝南、林木环绕等风水理论进行的区位选择、空间安排以及植被的优化,使传统聚落的选址及布局体现了人、建筑与环境之间的充分和谐,为居住提供了良好的空气、阳光、自然通风、温湿度、用水安全等条件,不仅有利于宜居、优美的人居环境与空间形成,而且能达到合理利用土地资源以及生态节能的效果[①]。随着人类开发利用自然的能力增强,村落的区位选择更为自由,人类主观的村庄规划建设引导思想对村庄发展的形态影响更大,经济文化和环境的影响作用更大了。

四是防御意识。自我防卫是生物的本能。从原始社会开始,人们为了躲避凶猛野兽的攻击和避免外部落的骚扰,保证自身的生存,便开始营造具有防御功能的聚落环境,半坡村、姜寨村等原始聚落周围都挖有大型壕沟,如姜寨遗址壕沟的上部宽为1.8—3.2米,底部宽为1.2—1.3米,深为2—2.4米,沟壁较陡直,就足以用来防卫猛兽的攻击和外部落的侵扰。防御意识作为一种心理积淀,长期影响着中国古代村落的空间布局。寨既起着"避难"作用,也起着"守卫"作用。为了提高寨的防御性而选用四周有深谷的地方建寨,城墙用土夯筑而成,城壕结合寨的入口多采用隧道形式。寨内道路布局,既有在中心沿纵向设主道,与两侧次道形成"鱼骨型"路网的,也有"梯子型"的,路网脉络分明。其实,中国古代村落选址布局普遍考虑了防御功能,风水模式本身就具有完备的防御功能,就连"世外桃源"模式本身只有一垭口与外界相通的情形,也隐含着一种安全防御的功能理念。防御意识始终是中国古代村落规划思想的重要组成部分。

五是诗画境界。中国古代村落为传统耕读文化的产生与发展提供了现实的空间。诸多古典文集中也留下了丰富的村落选址、布局方面的记载,例如"凡山村大屋要河港盘旋""水口之山,欲高而大"等等,也是一种有目的、有规范的规划思想。文人们崇尚山林,常常陶醉于田园山水,把山水诗和山水画的意境引入村落营造,从而实现了村落与诗境画境的统一。皖南黔县的古代村落深居黄山山脉和新安江流域的天然幽境之中,自古被称作世外桃源,南唐诗人许坚为此写过《人黔吟》诗一首:"黔县小桃源,烟霞百里宽。地多灵草木,人尚古衣冠。"确似世外绝境。黔县宏村规划中,周围青山绿野相拥,家家宅院溪水潺流,月塘、南湖水碧面阔,倒影闪烁,鹅鸭悠游,古黔诗人曾赞道:"何事就此卜邻居,花月南源画不及。浣汲何妨溪路远,家家门巷出清泉。"说明宏村水景胜似图。徽州地区古村落普遍修造的"水口园林",多数受到"新安画派"的影响。相传歙县丰南的"果园"乃"唐六如、祝枝山所规画",擅长诗画的文人参与村落水口园林的创意和规划,更加提高了古村落的意境内涵。所以,歙县唐模村东"檀干园"内"镜亭"对联所写"山

---

① 李京生.乡村规划原理[M].北京:中国建筑工业出版社,2018:41,43.

深入不觉,全村同在画中居"之语,生动地表达了唐模村规划设计时的意境。中国古村落普遍盛行的"八景""十景",实际上是一幅幅村落山水画的点景,诸如"玉江晓月""壶山倒影""龙冈夕照""上湖群牧""湖州牧笛"等景,构成一幅幅跃然纸上的田园牧歌式的山水图画。由此可见,中国古代村落规划思想,至少包括上述五个方面的内容。当然,这五个方面的内容对中国古代村落规划与布局的影响,往往又是此重彼轻、各有侧重的。

总之,古代村落的规划思想与古代城市的规划思想比较,既有着共性,也有着个性,二者相同的方面是:(1)强调"天人合一"的整体观念,即人与环境同处于一个统一体中;(2)宗族的礼制观念影响突出,尊卑秩序反映明显;(3)风水模式贯穿始终;(4)防御意识非常强烈。

二者由于规模大小及政治经济地位的不同,又有着一定的差异:(1)在整体空间的布局上,古代城市更为遵循"宇宙图式",形式上讲究整体性和整齐划一,方整对称;古代村落则强调自然主义,讲究因地制宜,追求内容而非形式上的整体感,即追求真正的与自然环境的和谐统一。(2)在思想理论的体系化方面,关于《周礼·考工记》中如何营造各级都邑的明确规范和理论,古代村落不及古代城市那样普遍遵循,城市规划虽有多次改革,但基本框架未变。古代村落规划的观念和思想,虽不属官方关心之事,无正规的史籍记载,但其基本的思想却长期沿用,约定俗成如风水理论的运用、宗族和礼制观念的推行、防御空间的建构等等,均是如此。(3)在人居环境景观的体系建构方面,古代村落规划能更多地从生态观出发,直接把田园山水裁剪到村落景观空间中来,避免了古代城市规划因过多地拘泥于"人化空间"而相对疏远了生态空间。

早期的传统村庄大多是基于传统农业自有的耕作和生产方式,利用周边资源自然逐步发展而形成的,具有与所在自然环境、地形地貌相融合的景观特色,其空间格局是由山、水、田、村、宅等基本物质空间要素构成的,是农业生产空间、建筑与各类空间复合构成的本土化空间,也是由密切的血缘和地缘关系构成的相对封闭和自给自足的社会文化体系,是乡村生产生活和自然环境共同构成的复合体①。随着经济和技术的不断发展,村庄的经济社会活动也会对村庄的布局和规划产生较大影响。村庄土地利用与开发强度低,建筑体量小,用地功能划分较简单,多数村庄没有十分严密的用地功能分区,居住区与农业生产区、周边自然环境相互交错,形成模糊的村庄空间边界。农业经济发展水平、农业生产方式、村庄的地理位置与地形地貌,构成了村庄空间系统的基础。村庄内结构简单,居民不多,交通量也很少,村内道路不需要宽路幅、高密度的路网。当前,随着农业生产力的提高,农业生产趋向高效化、规模化、现代化,使农业的生产方式产生了深刻的变化,对村庄体系布局、村庄形态、交通规划等方面都产生了较大影响,需要新的村庄规

---

① 李京生.乡村规划原理[M].北京:中国建筑工业出版社,2018:35.

划理论做出应对[①]。尤其是我国工业化、城市化的快速发展，正强烈地推动农村人口的迁移和重新分布。城乡之间的人口流动带来农村人口数量和结构的变化，主要表现为农村人口的减少，长期稳定从事二、三产业且已在城镇安居的农户，其拥有的农村房屋常年空关，产生了村庄空心化现象。

2.2 近现代乡村（村庄）规划理论

国外村庄规划的研究基础始于19世纪20年代的农村聚落研究，主要研究不同类型乡村聚落的空间形态特征与演化形成机制。法国地理学家白兰士用历史的方法研究农村聚落的起源、类型、分布、演变及与农业系统的关系。随后德国学者魏伯、奥特伦巴描述性研究了土地利用形态、乡村道路网、农舍、村落以及农业活动对乡村景观的影响[②]。同时，德国地理学家克里斯泰勒的中心地理论也为农村聚落规划的研究提供了理论基础。二战以后，伴随日益增加的大城市社会问题和逆城市化、郊区化对农村用地、景观、人口结构产生的巨大转型，更多西方国家学者开始关注农村聚落规划建设的研究。

自霍华德的"田园城市"理论开始，西方国家逐渐重视城市和乡村的协调发展。田园城市阐述了和谐共生的城乡关系，认为城市与乡村是共融共生的有机整体，双方均不能相互脱离而孤立存在，城市应该控制合理的规模，不能无限扩张，城市的四周由广阔的农田和村庄所包围，可以就近得到洁净的水源、空气和新鲜的农产品。城市和乡村之间通过几条放射性的快速道路紧密地联系在一起，而城市及城市周边为城乡提供了便捷的商业、文化、医疗、教育等方面的公共服务。霍华德的田园城市示意图明确写道："田园城市建在6 000英亩土地的中心附近，用地为1 000英亩，占1/6，农业用地

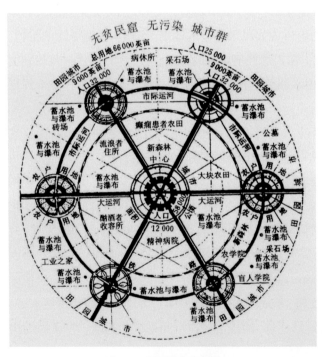

图2-3　田园城市示意图

资料来源：http://pasteurfood.com/%E5%9F%8E%E5%B8%82%E8%AE%BE%E8%AE%A1%E7%9A%84%E7%90%86%E8%AE%BA%E7%9F%A5%E8%AF%86/

---

① 李京生.乡村规划原理[M].北京：中国建筑工业出版社，2018：35.
② 侯静珠.基于产业升级的村庄规划研究[D].苏州：苏州科技学院，2010：9.

5 000英亩。城市形状可以是圆形的,从中心到边缘为1 240码(大约3/4英里)。这座小城市自身有30 000人,在农业用地上有2 000人。平均每人城市用地面积135平方米,平均每人农业用地面积2.5英亩。"更重要的是,霍华德给规划学留下了非常宝贵的精神财富,在规划指导思想上摆脱就城市论城市的观念,构建城乡一体的小城市网络。田园城市所勾勒的城乡关系,为乡村规划体系如何处理与现有的城市规划体系的关系奠定了理论基础。乡村规划体系既不是低人一等,从属于城市规划体系,也并非与城市规划体系相互割裂、互不干涉。正如共生共融的城乡关系,乡村规划体系与现有城市规划体系既应该相互独立,又应该相互协调促进,共同解决城乡发展一体化所面临的诸多议题。部分发展中国家虽也一再强调农村建设,但由于国家战略重点更多侧重于迅速工业化和城市建设,导致村庄规划并未得到有效实施。1976年联合国亚太经济和社会委员会出台的《农村中心规划指南》,使得农村住宅设计和农村居住区规划建设获得全球性的重视[1]。

英国学者Plan Afric于2000年指出乡村规划有三个关键部分,即内容、组织和方法。内容是指战略和政策,这是乡村规划试图完成的主要任务。组织是指规划工作的开展实施所涉及的组织机构和人员以及他们之间的交互关联,这是村庄规划实现的重要手段。方法是指自上而下或自下而上的实施方法等。最初的村庄规划更多被视为农村地域的发展行为,以重新组织分配资源和合理化协调人们行为。随着人地发展的日益高级化,乡村规划关注点也扩大了,规划目标从以往过度强调生产增长,到追求更高的效率和效益,再到明确地关注公平及减少贫穷和脆弱性。Murdoch等人关于乡村的解读性理论又可区分为田园主义和现代主义两种相对立的政策支撑理念。田园主义突出农村地区的环保、反城市和社群特征,属于类似所谓"田园牧歌"。现代主义乡村性认为乡村地区属于科技、经济和文化落后的地区,需要实现现代化的转型;Matless于1994年关于英国村庄的研究认为二元的田园主义和现代主义可以在乡村地区共存,成为融合的现代乡村,建议寻求建设的新途径以满足这种新型乡村性的需求。

近现代乡村规划理论早期在学科构成上主要基于传统建筑学领域,希望通过精致的设计在乡村地区塑造良好的人居环境,通过蓝图式的理想方案来指导村庄建设,一般由政府主导的乡村建设规划引导形成乡村地区的政策工具。随着社会经济的发展和乡村价值的日益凸显,乡村的生态价值、文化价值越来越得到重视,现代的村庄规划更加突出以人为本、服务"人"的发展,强调村庄建设要围绕村民的需求,规划设计和决策要更多听取村民的意见[2]。

---

① 叶红.珠三角村庄规划编制体系研究[D].广州:华南理工大学,2015:17.
② 李京生.乡村规划原理[M].北京:中国建筑工业出版社,2018:66-67.

第二篇

实践与演变

2

20世纪20到30年代，伴随着中国乡村社会的衰败与式微，社会各界对中国乡村社会的关注、讨论与期待，开始成为最为炽烈的时代话语，并在相当程度上成为当时主要社会、政治力量规划未来的基点。民国时期盛行的"乡村建设实验"，形成了梁漱溟的"邹平模式"、晏阳初的"定县模式"、翟城村的"村民自治实验"、阎锡山的"山西村治"等多种形式。当然大部分都是偏重于乡村治理、人居环境、教育建设等方面的实验性探索，较少涉及系统的乡村规划内容[①]。当代中国村庄规划的理论和技术体系来源于城市规划向乡村地区的延伸，目的在于解决中国农村发展和人居环境改善问题，也不断吸收了国外有关规划理念和思想[②]。

从1909年英国利物浦大学创设现代的城市规划专业开始算起，国际上的规划学科已有了110余年历史。从1950年代同济大学开设城市规划专业，清华大学等在建筑学专业内设立城市规划学起，中国的规划学科至今也有了70年左右的历史。中国的农业文明高度发达，从西方引入的城市规划专业一开始并不是为农村而设立。城市规划专业在解决城市问题的同时，一直面临着如何下乡的问题。我国现代学科意义上的乡村规划始于改革开放以后，伴随着国家视角从城市转向乡村，乡村规划在实践中和规划管理中的作用日益增强。但在我国长期固化的城乡二元格局中，长期存在明显的重城市、轻乡村的不平衡现象，乡村的规划编制较为滞后[③]。总体而言，新中国成立后，我国乡村（村庄）规划发展历程可以分为以下四个阶段：

3 我国村庄规划的技术定位演变

---

① 汪晓春.乡村规划体系构建研究——以江苏实践为例[D].哈尔滨：哈尔滨工业大学，2018：16.

② 何兴华.口述历史，规划下乡六十年[R/OL].https://www.sohu.com/a/285073631_656518.

③ 汪晓春.乡村规划体系构建研究——以江苏实践为例[D].哈尔滨：哈尔滨工业大学，2018：18.

3.1 围绕农地整治和新村建设的零星实践阶段（1949—1977年）

1949年新中国成立后，整体制度建设向苏联"一边倒"，当时的城市规划体系也是在苏联专家的指导和帮助下建立起来的。这个时期的城市规划被看作国民经济计划的延续，是实施国民经济计划的手段，就是在经济计划确定了今后一定时期内的（重大）建设任务后，对这些建设内容进行落地安排并完善相应的配套工程，且主要针对的是生活设施配套。

1950年6月，中央人民政府通过了《土地改革法》，废除地主阶级封建剥削的土地所有制，实行农民的土地所有制。土地改革全面铺开以后，原先的贫苦农民分到了房屋，改善了居住条件，部分富裕起来的农民修旧房、建新房，落后的乡村面貌有所改观。1951年，中共中央印发《关于农业互助合作的决议（草案）》，全国掀起了轰轰烈烈的合作社建设浪潮。作为当时全国学习的一面"红旗"，大寨村编制了村庄规划。大寨是山西省昔阳县的一个山村。至新中国成立时，大寨有64户，190口人。这里自然条件恶劣，耕地分散在"七沟、八梁、一面坡上"，全村700亩耕地。早在1946年，大寨就开始进行互助组探索，1953年转变为初级社，1955年已实现一村一社，并很快建立高级社。从1953年开始，大寨村制定"改造自然"的规划，按照"先治坡、后治窝"的规划原则，重点整治农业空间，改善生产条件，由集体统一组织开展住宅建设，产权归集体所有。规划的主要做法是：一是通过修筑梯田，改善耕地质量；二是通过治理沟滩，增加土地数量；三是变水害为水利；四是通过与相邻村调换土地，方便耕作；五是修建道路，改善交通。规划兵营式的"排排房"，便于分配，但是布局和建筑形式千篇一律，缺乏生动宜人的景色，不少地方破坏了人工环境与自然环境结合的乡村人居风貌。这一时期村庄规划包含内容很多，包括住宅建设、农业生产、生活设施、文体活动等。

1955年6月，国务院发布了《关于城乡划分标准的规定》《关

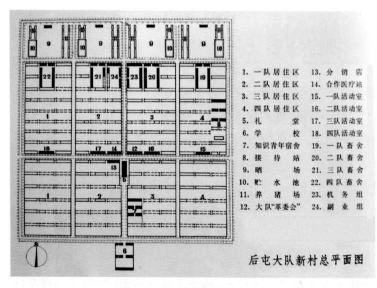

1. 一队居住区
2. 二队居住区
3. 三队居住区
4. 四队居住区
5. 礼 堂
6. 学 校
7. 知识青年宿舍
8. 接 待 站
9. 晒 场
10. 贮 水 池
11. 养 殖 场
12. 大队"革委会"
13. 分 销 店
14. 合作医疗站
15. 一队活动室
16. 二队活动室
17. 三队活动室
18. 四队活动室
19. 一队畜舍
20. 二队畜舍
21. 三队畜舍
22. 四队畜舍
23. 机 务 组
24. 副 业 组

图3-1 后屯大队新村总平面图
资料来源：国家基本建设委员会农村房屋建设调查组.农村房屋建设[R].1975.

于设置市、镇建制的决定》,明确了我国城乡划分标准和市镇建制的设置标准。为了规范新中国的城市规划编制工作,1956年7月正式颁发了《城市规划编制暂行办法》,分别对城市规划的任务和要求、规划设计阶段及内容、规划设计文件的编制等做了一般的规定。1958年,实施《户口登记条例》,从此我国城乡人口流动因较低的生产力和城镇口粮供应能力的限制得到固化,受到严格控制。

随着"一五"计划的落实完成,社会主义制度和社会主义工业化的基本建立,1958年开始的"二五"计划全面进入以"多快好省"为特点的"大跃进"时期。1958年,中央决定在全国农村以多个合作社共同建立人民公社。这个时期人民公社规模大,从原来初级社的一村一社,每社100—200个农户,扩大到一乡一社,甚至数乡一社,每社有农户4 000—5 000个甚至10 000—20 000个。生产资料归公,将几十个甚至上百个初级社合并,土地、耕畜、农具和财产全归公社;将社员自留地、自养牲畜、林木、生产工具都归集体所有。

与"大跃进"形势相适应,1958年6月的首次全国城市规划座谈会(青岛会议),确立了适应"快速建设"的"大跃进"式城市规划工作的原则和方法,即快速编制与修订规划,简化程序,"四边一定"(边踏勘、边议论、边鸣放、边做方案,最后由党委定案)。会议形成《城市规划工作纲要三十条(草案)》。1958年9月,在农业

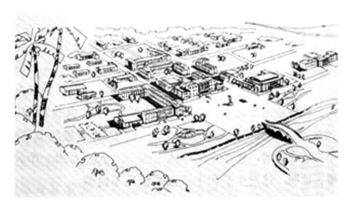

图3-2　公社规划透视图图片

资料来源:李梦白,等.当代中国的乡村建设[M].北京:中国社会科学出版社,1987.

部、建筑工程部主导下,全国开启人民公社规划运动,规划的内容除农、林、牧、渔外,还包括平整土地、整修道路、建设新村等。"大跃进"运动使中国农村掀起了人民公社化运动浪潮,人民公社成为一种全新的农村社会组织形式,同时新中国首次将农村建设纳入规划研究视野。人民公社规划作为探索社会主义的理想社会单元,不但吸取了邻里单位和小区规划的空间布局,而且创造性地提出了以公共食堂、澡堂为组团中心的社会规划思维。1958年的上海郊区先锋农业社农村规划,内容包括总体规划和农民新村规划等多方面,确定了发展方向及远景规划,提出规划分区、居住房屋安排和道路及管线系统等方面的控制要求。

1958年春开始,人民公社新建改建了一批住宅,相当于集体宿舍;建设了一批公社食堂,供集体用餐。由于这种做法对农民日常家庭生活干预过度,引起群众的强烈不满。

当年11月,中共中央在《关于人民公社若干问题的决议》中要求乡镇和村居民点住宅的建设规划,要经过群众的充分讨论;在住宅建筑方面,必须使房屋适宜于每个家庭男女老幼的团聚。此后的住宅建设中允许保留家庭厨房。总体而言,公社建设规划指导下的农村住宅和公共福利设施以及工业企业的建设,造成了巨大的浪费。

1962年,中共中央通过《农村人民公社工作条例修正草案》,规定生产队范围内的土地归生产队所有,所有土地禁止出租和买卖,基本确立了我国农村集体土地的权属主体。1963年,发布《关于各地对社员宅基地问题作一些补充规定的通知》,规定含有建筑物的宅基地和无建筑物的空白宅基地,都不得出租和买卖。与此同时,公社规模进行了调整,拆分一些过大的公社,全国公社从25 204个调整到55 682个,直到改革开放后的撤乡建镇。公社时期有个别的县编制了"县联社规划",开始考虑多个公社之间的相互关系,可以算作跨行政区域规划的初步探索。由于当时的经济能力,这些探索不仅不可能产生任何实际效果,而且很快就在"三年不搞规划"的错误决定下夭折了。

这个时期的人民公社规划虽然对人民公社建设起到了一定的指导作用,但总体上存在科学性、指导性不足的问题。(1)由于编制时间太短,往往缺乏对村庄现状的深入调查研究,规划小组往往1—2天就画出一个规划图,甚至一个院校师生30—40人1周内就编制出全县范围所有公社的规划总图。因此,公社规划缺乏足够的科学依据,针对性也不强,往往是一个规划模式。(2)盲目乐观,标准过高。在社会主义改造基本完成后,短短几年所取得的成绩使人们认为中国富强目标可以在较短时间内实现,于是产生了急躁冒进思想。规划脱离农民的生活和生产,无法真正了解广大农民的需求,普遍存在违背自然环境条件、超越经济发展水平的问题。同时,规划定的指标过高、规模过大,而且要求立即建设,甚至提出在一年内做到"社社通电灯、队队通电话"等,根本不切实际。有的地方将大量小村庄迁并到一起,给社员的生产生活造成很大的不便。

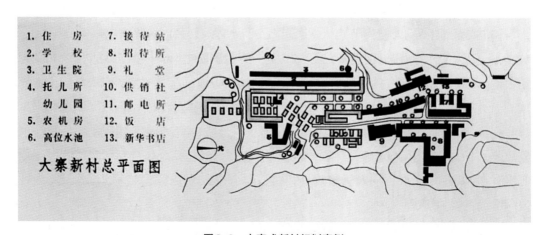

图3-3　大寨式新村规划案例
资料来源:国家基本建设委员会农村房屋建设调查组.农村房屋建设[R].1975.

3.2 注重耕地保护和农房建设引导的全面管控阶段（1978—1997年）

3.2.1 村庄法规制度框架建设

改革开放后，中国的土地政策实行家庭联产承包责任制替代合作社与人民公社。改革开放初期，国家鼓励村民自主建房，全国各地出现了无序建房的现象。为改善这一现象，国家开始编制村庄规划，这时的村庄规划是基于实际建设需要的，只是针对农民住房随意占用耕地等问题，没有对规划理念、内容、方法等作出具体的安排，但村庄规划得到了法律法规的确认，并实现了从无到有的突破。1978年3月第三次全国城市工作会议召开，提出了"搞好城市规划，加强城市规划管理"的要求，城市规划工作开始恢复。乡村建设随着经济发展和农民收入水平的提高得到关注，部分村庄开始尝试在规划的引导下进行建设，农村地区掀起了大规模农房建设的风潮。1979年12月，第一次全国农村房屋建设工作会议提出了指导农民建房的基本方针，明确政府要对农村房屋建设进行规划。1981年在北京召开了第二次全国农村房屋建设工作会议。时任万里副总理讲话："当前形势的发展已经迫使我们要考虑整个农村的建设，不能只是个建房子的问题了。"会议提出，农村房屋建设不可能孤立地抓好，要扩大到村镇建设范畴，对山、水、田、林、路、村进行综合的规划。会议要求地方政府，用二至三年时间把辖区范围的村镇规划搞起来。国务院批转了这次会议的纪要。国务院分别于1981年和1982年颁发《村镇建房用地管理条例》和《村镇规划原则》，于1984年颁布了第一部关于城市规划专业领域的行政法规《城市规划条例》，城市规划和村庄规划开始步入法制的轨道。

随着中国农村改革率先突破并取得成功，部分地区乡镇企业异军突起，乡村工业化在东部部分发达地区迅速发展，大量的建设需要安排，生态环境受到威胁。据《中国统计年鉴》，1980年至1986年，乡镇企业总产值按当年价格计算平均年增长达26.4%，农村地区各类非农产业就业人数年增长14.4%。在此带动下，农村住宅建设量猛增。全国农村建设房屋总量1978年为1亿平方米，1979年达4亿平方米，1983年更是高达7亿平方米。但由于缺乏规划引导，生产与生活功能布局混乱，基础设施缺乏，环境质量逐渐下降。到1987年，随着乡镇企业的兴起，国家提出以集镇建设为中心带动农村发展的要求，但这一阶段的村庄规划并没有对基础设施、公共设施和各类用地进行统筹安排。

为此，国家加强了专门机构建设。1980年，在国家基本建设委员会设立农村房屋建设管理办公室。1982年，城乡建设环境保护部内设乡村建设局。1986年，更名为乡村建设管理局。1988年，建设部下设村镇建设司。同时，加强了规则的制定工作。1982年，国务院颁发《村镇建房用地管理条例》。同年，国家建委与国家农委联合发布《村镇规划原则（试行）》，中国建筑科学研究院农村建筑研究所编写《村镇规划讲义》。由于经费缺少、专业人才不足和基础资料缺乏等问题，村庄规划完成效果并不理想，这个时期以"保护耕地、控制用地、规范农房建设、安排应急建设"为重点的村镇（初步）规划,存在上下层次脱节、近远期脱节、新建与保留区域脱节等问题,缺少对村镇体系、城乡布局的统筹安排。

伴随着农村建设需求的急速提升,相关的法律法规也进行了补充完善,乡村规划的基本理论、技术方法和成果形式也有了基本要求。1993年,国家颁布了《村庄和集镇规划建设管理条例》,同年国家颁布了《村镇规划标准》,对村庄规划有关人口规模、用地规模和各类用地布局等做出了详细的规定。1995年,建设部发布《建制镇规划建设管理办法》,2000年,施行了《村镇规划编制办法(试行)》,提出村镇规划包括总体规划和建设规划,总体规划以乡(镇)域范

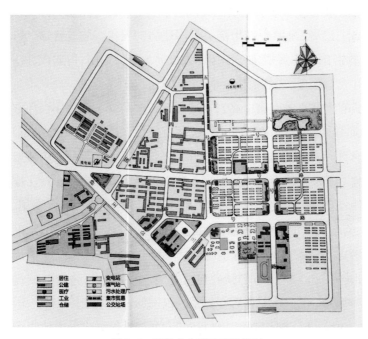

图3-4 天津市大邱庄建设规划
资料来源: 国家基本建设委员会农村房屋建设调查组.农村房屋建设[R].1975.

围,合理布局镇村和相应各项建设;建设规划是在总体规划的指导下,具体安排各项建设项目以及实施步骤。村镇规划的成果形式包括"文本、说明书、图纸及基础资料汇编"。在建制镇规划方面要求从全镇域层面考虑安排镇村体系布局,指导村庄布局的调整和乡村公共设施配置。但无论是从体系层级、核心任务来看,还是从技术方法来看,还仅仅是初期探索,远远谈不上成熟完善。1997年,建设部发出《关于申报历史文化名镇、名村的通知》,作为历史文化名城保护工作机制的延伸,强调对历史文化名镇和名村的保护。

3.2.2 村庄与乡镇域规划的探索

这个时期,针对农村发展中面临的最迫切问题,一般村庄的规划重点抓好两个方面:一是安排好住宅建设用地,把申请建房农户的宅基地在原有村庄内调剂好,逐户落实,有条件的把近年希望建房的用户排个队;二是把村庄建设中迫切需要解决的问题安排好,例如需要通电的则安排好电线走向,需要改水的则安排好水源。较大的村庄和一般的集镇,要考虑人口规模与道路布局问题。规划原则可以归纳为"合理布局、控制用地、安排近期建设"。规划成果通常是"两图一书",即现状图、规划图和说明书。村镇总体规划和村镇建设规划两个阶段的编制成果,只在个别示范图中才能看到。

1983年全国城乡建设科学技术发展计划中提出,各地应当根据农村实际情况和技术能力,陆续制订地方性的村镇规划定额指标。各地制订的定额指标,区分了主要的用地分类、主要公共建筑和生产建筑以及基础设施的标准,为提高村镇规划编制质量起到了重要作用,也为下一步制订国家标准打下了基础。1984年,在北京召开的全国村镇建设经验交流会要求从规划做起,认真处理好生产生活关系、一二三产业的关系,做到以生产为基础,以县域为背景,以集镇为重点,合理使用土地,把山、水、田、林、路、村综合进行考虑。

经过改革开放后一段时间的努力,乡村地区规划初见成效,至1986年底,全国3.3万个小城镇和280万个村庄编制了初步规划。规划基于长远考虑,主要解决当前问题,控制用地范围,尽量不占耕地;在合理布局的基础上,把急需上马的项目安排好,以便指导近期建设。这一轮规划扼制了乱占耕地的势头,农村建房占用耕地量逐年下降,从1985年的145.5万亩下降到1990年的18万亩,1991年降到最低点仅为15万亩。这个时期村庄规划存在的问题,主要是以点论点、简单套用城市规划的编制办法、没有特色。

规划下乡仍是主要的渠道,主要通过试点引路。1987年,国家先后在广州、北京召开集镇建设试点工作经验交流会,城乡建设环境保护部、国务院农村发展研究中心、农牧渔业部、国家科学技术委员会发出《关于进一步加强集镇建设工作的意见》。相应地,国家调整完善村庄规划思路。1987年,城乡建设环境保护部发文要求对村镇初步规划进行调整完善,提出以集镇为重点,从乡镇域村镇体系布局入手,分为乡镇行政辖区范围的村镇体系布局规划、镇区与村庄的规划、镇重点地段建设的规划三个层次,不再要求所有村庄都编制规划,村镇规划管理思路更为务实理性。哪些村庄需要编制更为具体的建设规划,由乡镇域的规划决定。1988年,在上海召开村镇建设座谈会,明确将集镇建设工作的重心放在经济发达地区的城市郊区,抓好沿海经济开放地区大中城市的城乡接合部。

总结新中国成立后村庄规划编制的实践,国家主管部门和规划编制专业团队逐步认识到村庄规划编制也需要区域视角和宏观指导。在一定的乡村范围内,有许多规模大小不等的村庄和若干集镇,它们形式上是分散的个体,实质上是互相联系的有机整体,其职能作用与设施配置各不相同,在生产生活、文化教育以及服务贸易各方面形成协调的结构体系,即基层村—中心村—集镇的群体系统。村庄规模太小,功能过于单一,生活质量的提高离不开不同等级的乡村中心。一般情况下,农民在村庄从事农业副业生产,到附近的集镇上寻求产前、产中、产后的服务。日常生活中,孩子读小学、看个小病、买些简单的日用品,就到规模较大的村庄解决,再高一层次,读中学、看大病、买高档商品、看电影等,还是要到集镇。农民公共设施的安排需要发挥不同等级乡村中心的作用,实施分级规划和供应。为此,国家开展了县域规划的探索。1982年,四川省乐山、大足编制了县市域规划。1985年,中国建筑技术研究中心村镇规划设计研究所探讨江苏省昆山县城镇村体系布局规划。1994年,建设部选择不同区域经济条件相对较好的县市,编制县市域规划或城镇体系规划。

由于城乡发展差距的逐步拉大,村庄的发展逐步得到各级政府的重视,村庄规划的作用开始凸显。由于村庄的散乱布局难以满足城镇化发展的需要,为了节约利用土地、加快实现城乡一体化,上海市开始试点中心村规划建设,并要求1998—2000年基本建成21个试点中心村的规划框架。广州市在1997—1998年先后出台《广州市中心村规划编制技术规定》和《广州市中心村规划编制和审批暂行规定》,参照城市规划的管理体系,分为中心村域规划、中心村建设用地规划和中心村近期建设规划三个层面[①]。

3.2.3 耕地的用途管制

改革开放以后,伴随着社会经济的快速发展以及城市空间的不断拓展,产生了乱占耕地、违法批地、浪费土地、耕地面积锐减、土地资产流失等突出问题[②]。为切实保障粮食安全,1997年《关于进一步加强土地管理切实保护耕地的通知》中首次提出"对农地和非农地实行严格的用途管制"。随后在1998年的《土地管理法》中进一步明确规定,"国家实行土地用途管理制度","严格限制农用地转为建设用地,控制建设用地总量,对耕地实行特殊保护","使用土地的单位和个人必须严格按照土地利用总体规划确定的用途使用土地"。随后在1999年开始施行的《基本农田保护条例》中,明确"国家实行永久基本农田保护制度;永久基本农田经依法划定后,任何单位和个人不得擅自占用或者改变其用途;国家能源、交通、水利、军事设施等重点建设项目选址确实难以避让永久基本农田,涉及农用地转用或者土地征收的,必须经国务院批准"[③]。可以看出,土地利用规划是土地用途管制的基础和依据,土地利用总体规划制度是土地用途管制制度的基础,为保证管制制度的实施,国家建立了土地利用年度计划、用地预审、农用地转用审批、耕地占补平衡、基本农田保护、城乡建设用地增减挂钩等一系列的配套制度。可以说,土地用途管制制度的建立与实施,有效遏制了耕地被大量占用,其建设用地节约利用的要求,为我国土地资源合理利用作出了巨大贡献[④]。综上所述,虽然在乡村地区并没有专门的村级的规划,但是覆盖到乡镇级的土地利用规划通过对耕地,尤其是对永久基本农田强有力的保护,客观上实现了对村庄建设行为一定程度的引导和管控。

---

① 温锋华.中国村庄规划理论与实践[M].北京:社会科学文献出版社,2017:12.
② 黄征学,蒋仁开,吴九兴.国土空间用途管制的演进历程、发展趋势与政策创新[J].中国土地科学,2019(6):1-9.
③ 汪毅,何淼.新时期国土空间用途管制制度体系构建的几点建议[J].城市发展研究,2020(2):25-29.
④ 祁帆,贾克敬,邓红蒂,等.自然资源用途管制制度研究[J].国土资源情报,2017(9):11-18.

3.2.4　多规协调的初步探索

村庄规划与农业区划开展了紧密合作。早在1981年,第二次全国农村房屋建设工作会议就提出,应当在农业区划的基础上,对山、水、田、林、路、村进行全面规划,并按照有利生产、方便生活和缩小城乡差别的要求把村庄和集镇建设成现代化的社会主义新农村。1981年,全国农业区划办公室发出《关于开展村镇调查和布局工作的通知》,要求把村镇调查和布局统一纳入农业区划工作,对经过审定的成果应积极应用,供各地建设部门作为村镇规划的依据。至1983年,有1 143个县完成了农业区划工作。一些技术力量比较好的地区,在开展农业区划的同时,进行了村镇建设用地调查,并根据农业生产和多种经营发展设想,开展了居民点、交通运输线和河道走向、电力电信线路走向,以及工副业生产基地、重要设施配置等设施的规划工作,支撑和完善了村庄规划工作。

村庄规划与土地利用规划探索相互融合。1990年,建设部与国家土地管理局共同下发了《关于协作搞好当前调整完善村镇规划与划定基本农田保护区工作的通知》,建议县市政府成立工作领导小组,由村镇建设、土地管理、农业、计划等部门共同参加,要同时确定基本农田保护区和村镇建设用地范围,即"两区划定"工作。这可以看作最早的"两规合一"。

3.3　以村庄集聚和人居环境整治为主要任务的阶段(1998—2012年)

3.3.1　小城镇成为大战略

在改革开放初期强调以中心城市为改革重点的背景下,虽然允许农民自理口粮进镇打工,但购买力仍然有限,特别是缺乏工业化的带动,建设资金有限,小城镇的发展没有太大起色。20世纪80年代以来,在苏南和珠三角部分地区乡镇企业得到快速发展,但由于缺乏事先规划和小城镇规划指导,布局较为分散。1995年,我国的乡镇企业80%分布在村庄,12%分布在集镇,只有7%分布在建制镇,1%分布在县城以上居民点。1997年,我国建制镇镇区的平均人口规模只有约6 300人,集镇镇区的平均人口规模不到2 000人,规模经济难以形成。

1998年,中国经济发展进入新阶段,迫切需要扩大市场规模和消费需求。乡镇企业的发展、乡村人口的外流、小城镇的快速发展导致乡村日益被边缘化。"城乡分治",重城市轻农村导致城乡差距、"三农"问题越来越突出。为破除困境,1998年中共中央十五届三中全会通过的《关于农业和农村工作若干重大问题的决定》中指出:"发展小城镇,是带动农村经济和社会发展的一个大战略。"响应小城镇大战略的要求,规划下乡成为城乡融合发展的必然要求。2000年,中共中央、国务院下发《关于促进小城镇健康发展的若干意见》,将小城镇发展作为实现我国农村现代化的必由之路,提出要抓好小城镇户籍管理制度改革的试点,制定支持小城镇发展的投资、土地、房地产等政策,通过科学规划、合理布局,努力打破城乡二元结构。

相对于城市,从事乡镇规划建设管理的专业人才严重不足。据1997年统计,三分之一的乡镇未设立建设管理机构。为加强乡村规划的编制工作,国家主管部门采取了一些具体措施。(1)建设部成立城乡规划司。1998年,建设部将城市规划司与村镇建设司合并成城乡规划司(村镇建设办公室)。1999年,开始研究起草《城乡规划法》。2000年,国务院办公厅发布《关于加强和改进城乡规划工作的通知》。同年,建设部印发了《县域城镇体系规划编制要点》《村镇规划编制办法(试行)》。(2)加强城乡规划管理。2002年,国务院印发《关于加强城乡规划监督管理的通知》,同年,建设部等9部门对通知的贯彻落实提出要求。

2003年,中央提出了以城乡统筹为首的"五个统筹"的科学发展观,城市规划学界开始注重乡村规划,村庄规划得到重视,明确了村庄规划应基于县域总体规划、土地利用总体规划和农业区划,村庄规划的内容应包含村庄总体规划和建设规划①。2003年以来,部分省市对村庄环境整治、完善乡村基础设施展开各自的探索。如浙江省于2003年开展"千村示范、万村整治"工程,对全省万个行政村进行全面整治,并把其中千个行政村建设成全面小康示范村;进行村庄环境整治,完善农村基础设施②。从全国整体情况看,小城镇的功能不强,没有足够的吸引力促进人口和产业集中,没有起到引导农业生产、加快农村发展、促进农民增收的作用。人们宁可"双栖"也不愿在小城镇上定居落户,农村劳动力更多的是采取跨地区流动的方式就业。

3.3.2 推进乡村规划全覆盖

2005年10月,党的十六届五中全会提出"社会主义新农村建设"的战略任务,提出"生产发展、生活宽裕、乡风文明、村容整洁、管理民主"的目标要求,提出"工业反哺农业、城市支持农村"的战略,并明确提出乡村建设的具体要求,乡村建设第一次被放在国家发展焦点的高度,新农村规划由此在全国迅速开展。为此,建设部出台了《关于村庄整治工作的指导意见》,要求认真做好两个规划:一是适应农村人口和村庄数量逐步减少的趋势,编制县域村庄整治布点规划,科学预测和确定需要撤并及保留的村庄,明确将拟保留的村庄作为整治候选对象。二是编制村庄整治规划和行动计划,合理确定整治项目和规模,提出具体实施方案和要求。这个指导意见为村庄规划和新农村建设提供了指导性依据。2006年,建设部要求各地加强乡村规划,保护乡村特色,改善人居环境。2007年,党的十七大提出要统筹城乡发展,推进社会主义新农村建设。各地结合自身发展实际,开展了大量的乡村规划实践工作,如江苏率先提出"城乡规划全覆盖""镇村布点规

---

① 温锋华.中国村庄规划理论与实践[M].北京:社会科学文献出版社,2017:13.
② 王竹韵,常江.中国乡村建设演变历程及展望[J].建筑与文化,2019(3):81-84.

划全覆盖",安徽提出"千村百镇示范工程",等等。2008年,国家决定将"建设部"改为"住房和城乡建设部"(简称住建部),住建部颁布了村庄整治工作技术方面的国家标准,推动村庄整治工作进一步深入。南京等一些东部发达地区根据集约发展、改善农村居住条件的要求,完成了几轮镇村布局规划编制工作,总体上鼓励大村并小村,强村并弱村,引导农民进城入镇、农村居民点集中。在这一时期中国乡村建设发展迅速,全国范围内促进当地旅游经济发展及人居环境改善的乡村建设典型案例层出不穷。例如浙江省安吉县正式提出"中国美丽乡村"计划,对安吉县的乡村产业、村容村貌、生态环境等进行一系列的建设,成为中国新农村建设的鲜活样本。

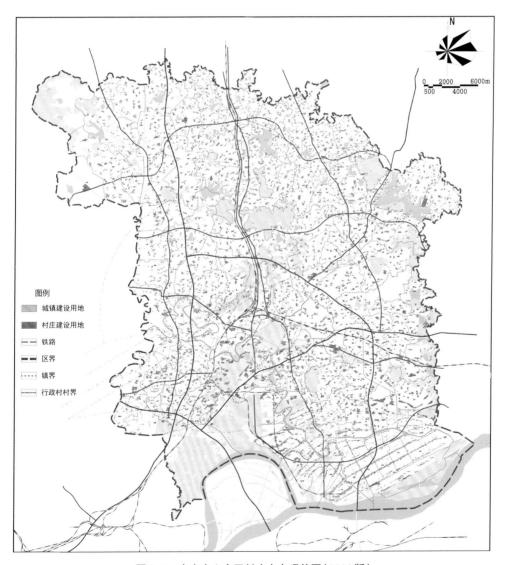

图3-5 南京市六合区村庄布点现状图(2006版)

资料来源:南京市规划局.南京市镇村布局规划[R].2015.

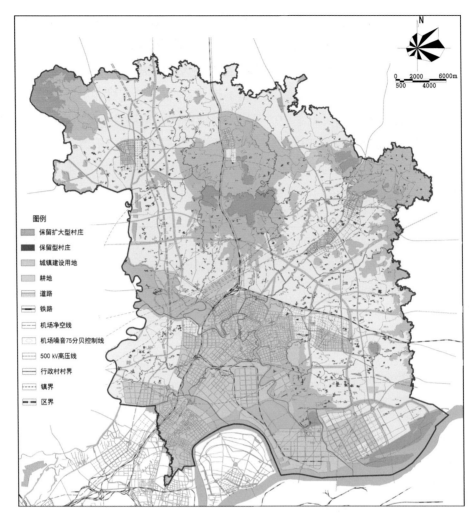

图3-6 南京市六合区村庄规划布点规划图(2006版)

资料来源：南京市规划局.南京市镇村布局规划 [R].2015

表3-1 南京市近年乡村聚落变化一览表

行政区名称	2005年		2015年		自然村减少(%)	自然村年均减少(个)
	行政村(社区)(个)	自然村(个)	行政村(社区)(个)	自然村(个)		
江宁区	175	1 897	155	1 722	9.23	17
浦口区	106	1 214	84	1 075	11.4	14
六合区	225	2 920	97	2 678	8.29	24
溧水区	92	1 258	75	1 074	14.63	18
高淳区	148	1 086	134	1 007	7.3	8
栖霞区	—	—	27	295	—	—

资料来源：南京市规划局.南京市镇村布局规划 [R].2015.

2006年，国家颁布《县域村镇体系规划编制暂行办法》，对县域村镇体系进行了定义，并提出了对各级规划的编制内容和成果的要求。在各地乡村规划编制过程中，各省市也出台了大量的技术标准和导则，增加了乡村规划的技术理性。我国的乡村规划从2005年开始了一个爆发式的发展，各地快速推进了多种层次、多种类型的乡村规划编制工作。规划内容逐步由粗到细，层次逐步完善。2007年《镇规划标准》颁布，将镇规划技术标准单列，区别于一般乡和村庄规划，更加接近城市规划要求。村与镇规划分开编制，其中乡镇规划包括镇（乡）域规划和镇区（集镇）建设规划两部分，村庄规划包括村域规划和村庄建设规划两部分。村镇规划注重乡村与城市的区域统筹与联动，各地开展市县乡村建设规划、村庄布点规划等村镇体系规划。2008年，为加强对全国的村庄整治工作技术指导，国家出台《村庄整治技术规范》。这个时期的乡村规划研究乡村居民点变迁规律不够，很多地方简单地为了满足城市建设用地指标粗暴地大幅度减少村庄规划布局，还不够重视乡土文化脉络的传承，出现城市文化主导规划的局面，热衷于用大规模城市改造的方式搞乡村建设。2008年《城乡规划法》的颁布，标志着将"乡规划、村庄规划"纳入了城乡规划的统一体系，规定村庄规划的内容应当包括：规划区范围、住宅、道路、供水、供电、垃圾收集、畜禽养殖场所等农村生产、生活服务设施、公益事业等各项建设用地的布局、建设要求，以及对耕地等自然资源和历史文化遗产保护、防灾减灾等具体安排，这样使乡规划、村庄规划获得了更为明晰的法律地位，并且在技术标准等方面也逐步出台详细规范，推动和引导了各地乡村规划实践活动。2011年，国家更新了原有的《城市用地分类与规划建设用地标准》，构建了覆盖城乡全域的城乡用地分类体系，但其中对村庄用地的分类只到大类，导致村庄用地规划缺失标准，无法可依。2014年，国家颁布了《村庄规划用地分类指南》，填补了村庄用地分类标准的空白，能够有效地指导乡村的用地管理和村庄规划的编制。2015年，国家颁布了《美丽乡村建设指南》，强调乡村建设要以村民为主体，遵循规划先行、村民参与、统筹兼顾等原则，对乡村的建设也提出了较为具体的建议，体现了我国在乡村规划上的进步。

随着社会主义新农村建设战略的实施和2008年《城乡规划法》的实施，乡村研究和村庄规划成为规划学界的研究热点。系统介绍乡村规划编制方法的著作开始出现，代表性的有葛诗峰主编的《村镇规划》（1999）、金兆森等编著的《村镇规划》（2005）、张泉等编著的《村庄规划》（2009）、葛丹东编著的《中国村庄规划的体系与模式——当代新农村建设的战略与技术》（2010）等。相关研究开始更加积极考察发达国家村庄规划和建设实践，逐步重视对我国乡村地区发展现状的综合调查研究，解析乡村空间演进的特征，并探讨乡村规划的优化与完善，以及未来我国乡村可持续发展的框架和路径。

总体而言，2008年《城乡规划法》颁发以前，我国城乡实行的是有差别的规划编制体系，重城市、轻乡村，二元格局明显。在此阶段的乡村规划基本模式是自上而下的，以城市"强势"思维来理解乡村、规划乡村、建设乡村,并未能真实地反映村民实际需求,也未能把握乡村面临问题的本质,在产业发展、土地改革、特色塑造、设施配套、乡村治理等方面均无太多的积累和突破。不过,此阶段的乡村规划带有明显的探索性特征,在技术标准和编制方法缺失的前提下,进行了有益探索。同时,此阶段乡村规划体系有了进一步的发展,如江苏编制了镇村布局规划、村庄规划、村庄建设规划等多种类型的规划,规划层面涉及县(市)域、行政村及自然村,虽然各层面之间缺少相互的逻辑关系,但在乡村规划体系构建工作上跨出了坚实的一步。

3.4 美丽乡村建设和村域用途管控并重的阶段(2012年以来)

3.4.1 确立城乡一体化战略

2012年,中央经济工作会议要求提高城镇化质量,推动新型城镇化战略。同年党的十八大提出建设"美丽中国"的发展目标,更加突出乡村生态文明建设和宜居环境建设。此阶段乡村规划更加注重农民的内生需求和乡村的内生动力,强调乡村在整个国民经济发展中的"推动力"。美丽乡村作为社会主义新农村建设的目标之一,最早由浙江省吉安市提出,并于2013年在全国获得广泛的推广。2013年中央一号文件中,首次提出了建设

图3-7 南京市溧水区东屏街道王家山村美丽乡村规划
资料来源:南京市溧水区东屏街道办事处.南京市溧水区东屏街道王家山村美丽乡村规划[R].2019.

"美丽乡村"的奋斗目标,美丽乡村规划、美丽宜居规划、危房整治、农村改厕等侧重人居环境的专项规划盛行。2013年,住建部公布了第一批村庄规划示范名单,拟通过示范效应带动村庄规划的提升。2014年,农业部召开了中国最美休闲乡村和中国美丽田园推介会,进一步推动了美丽乡村的规划和建设①。按照国家部署及相关政策要求,探索推进城乡发展一体化,实现美丽乡村的建设目标,成为各级地方政府的首要任务。村庄规划从最初的关注村庄住房规划和城乡统筹规划,转移到更加关注村庄环境保护和特色塑造。

在中央文件的引导下,相关部门开始进行美丽乡村建设的实践,2013年住建部开展了建设美丽宜居小镇、美丽宜居村庄示范工作,并陆续公布了共190个美丽宜居小镇、565个美丽宜居村庄。在地方层面,如浙江制订了《浙江省美丽乡村建设行动计划(2011—2015年)》,推动全省美丽乡村建设。江苏在2011年明确在"十二五"时期推进"美好城乡建设行动",全面推进村庄环境整治规划建设。2013年,住建部为提升村庄乡村人居环境质量,对村庄整治规划的内容、要求、成果等做出了明确要求。2015年,中央一号文件也提出"中国要美,农村必须美",让农村成为农民安居乐业的美丽家园。同年,中央发布《美丽乡村建设指南》,为美丽乡村的建设提供了标准和依据。2015年,住建部出台《关于改革创新、全面有效推进乡村规划工作的指导意见》。2017年,住建部公布了村庄规划示范名单。2017年,党的十九大报告明确提出要走中国特色社会主义乡村振兴道路,美丽乡村建设再次成为国家发展战略中的重要一步。为了加强农村建设规划管理,住建部于当年印发《村庄规划用地分类指南》,对村庄用地类型进行详细规定。

乡村规划是对乡村地区建设发展行为管治的工具,是乡村地区社会、经济、空间总体部署和建设发展的依据。随着十八大提出生态文明建设、美丽中国建设等发展要求,此阶段的乡村规划建设内涵已经日益丰满,不仅仅是建设层面的工作,而是包括产业的持续发展、传统文化的复兴、乡村的有效治理、空间风貌特色的塑造等多方面。随着城市化进程的加快,以及工业化的推进,村落缺乏产业支撑,缺少就业岗位,村民经济收入普遍较低,大量农村劳动力向城市流动,大量农村地区建设用地出现废弃和闲置,空心村现象呈现逐步加剧的态势,为探索乡村产业振兴的思路,各地在乡村产业发展上也进行了一系列探索,各地相继开展美丽乡村、特色小镇、田园综合体、农业公园等多元载体的实践,同时也开展了人居环境整治规划、村庄景观系统规划、村庄面貌改造提升规划以及乡村旅游规划等专项规划的编制。

3.4.2 各种层级和类型乡村规划编制

由于规划体系方面的含糊不清,进入21世纪以来,我国现阶段的乡村规划类型十分庞杂,各省市组织编制的乡村规划从形式、层次到内容、深度都不相同。一方面,各个空

---

① 温锋华.中国村庄规划理论与实践[M].北京:社会科学文献出版社,2017:13-14.

间尺度拥有各类不同名称的规划类型：县域（片区）层面有新村建设总体规划、镇村布局规划等；村域层面有村庄规划、农村社区规划等；自然村层面有环境整治规划、农村面貌改造提升规划等类型。另一方面，相同层次乡村规划的形式、内容和深度要求也不尽相同，都是根据自身的理解和实际情况而分别制定的。2015年，住建部印发《关于改革创新全面有效推进乡村规划工作的指导意见》，提出县（市）域乡村建设规划，统筹安排乡村地区重要基础设施和公共服务设施，作为编制镇、乡、村规划的上位规划，同时作为"多规合一"的重要平台。

针对部分地区在没有基础设施等建设决策、缺乏建设项目保障的前提下，盲目推进乡村规划编制，往往造成乡村规划脱离实际的现象，2016年住建部推进县域乡村建设总体规划试点工作，要求地方人民政府应针对本地区农村人居环境的薄弱环节，先行作出建设决策，依据建设决策推进乡村规划编制。要编制县（市）域乡村建设规划，并以此为依据指导村庄规划编制。要求乡村建设规划要与经济社会发展五年规划结合，制定具体的行动计划，落实规划要求，明确目标，统筹全域，落实重要基础设施和公共服务设施项目，分区分类提出村庄整治指引。县域乡村建设规划主要任务是：明确乡村建设规划目标，制定落实乡村建设决策的五年行动计划和中远期发展目标，五年行动计划应纳入县（市）国民经济和社会发展"十三五"规划；明确乡村体系规划，预测乡村人口流动趋势及空间分布，划定经济发展片区，确定村镇规模和功能；划定乡村居民点管控边界，制定乡村用地规划，确定乡村建设用地规模和管控要求，与土地利用规划充分衔接。指导意见要求在分析自然生态气候、地貌地形地质、资源条件、人口分布、产业基础、交通区位、群众意愿等因素的基础上，将村庄分为城镇化村庄、特色村（历史文化名村、传统村庄、文化景观村、产业特色村）、中心村、其他需要保留的村庄、不再保留的村庄等类型，明确不同的规划发展策略；制定乡村用地规划，划定乡村居民点管控边界，确定乡村建设用地规模和管控要求；确定乡村重要基础设施和公共服务设施建设规划，确定乡村供水、污水和垃圾治理、道路、电力、通讯、防灾等设施的用地位置、规模；分类制定自然景观、田园风光、建筑风貌以及历史文化保护等风貌控制要求，提出村庄整治要求以及重点项目、标准和时序。这个规划也是国家层面首次在县（市）域推进系统的乡村规划编制。安徽等很多省市根据住建部的要求部署开展了县级层面的乡村建设总体规划编制工作。

"十三五"以来，乡村规划在国家与地方共同推动下又走向了新一轮的繁荣，并正在向关注村民意愿、技术支撑以及全面系统的方向迈进。此阶段的乡村规划体系也逐步地完善，并在更多层面拓展延伸。基于不同的发展建设重点和规划指导思想，我国乡村规划的概念也日益丰富完善，既有以自然村为对象的村庄规划（深度为修建性详细规划），即包含行政村整个社区规划指导下的村庄建设规划，也有以乡村旅游为主题的包含多个村庄的美丽乡村规划、美丽乡村片区规划。最近一段时期，部分省市提出建设特色田园

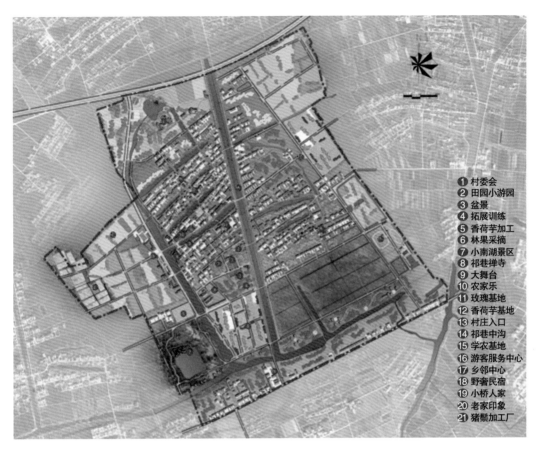

① 村委会
② 田园小游园
③ 盆景
④ 拓展训练
⑤ 香荷芋加工
⑥ 林果采摘
⑦ 小南湖景区
⑧ 祁巷禅寺
⑨ 大舞台
⑩ 农家乐
⑪ 玫瑰基地
⑫ 香荷芋基地
⑬ 村庄入口
⑭ 祁巷中沟
⑮ 学农基地
⑯ 游客服务中心
⑰ 乡邻中心
⑱ 野奢民宿
⑲ 小桥人家
⑳ 老家印象
㉑ 猪鬃加工厂

图3-8 泰兴市黄桥镇祁巷村祁家庄特色田园乡村规划图
资料来源：南京市规划设计研究院有限责任公司.泰兴市黄桥镇祁巷村祁家庄特色田园乡村规划 [R].2017.

乡村的概念,基本上以自然村以及周边一定范围的农业生态空间为对象,也是以村庄整治和特色田园建设为核心的乡村规划。

与此同时,各地也尝试多种形式的跨行政区域的片区美丽乡村规划编制,如南京市规划设计研究院有限责任公司编制的《南京美丽乡村六合示范区规划》,以南京市六合区的所有乡镇作为规划对象,系统研究该地区的发展建设。多层次、多类型的规划需求催生了更加丰富全面的乡村规划类型,乡村规划体系雏形已基本显现,但尚处于各自实践状态,缺少自上而下有意识的乡村规划体系构建。

按照《城乡规划法》的规定,乡规划、村庄规划由乡(镇)人民政府组织编制,并报上级人民政府审批,一般而言,即指县(市、自治州)人民政府,为了确保审批程序及结果的合规合法,审批主体必须准确掌握规划乡村的需求和特点,做出科学合理的行政决策。目前,关于村庄规划的主要任务和主要工作构成,已经形成较为稳定一致的认识,张泉等著的《村庄规划》对此有详细明确界定。村庄规划是指为实现一定时期内村庄经济和社会发展目标,按照法律规定,运用经济技术手段,合理规划村庄经济和社会发展、土地利用、空间布局以及各项建设的部署和具体安排。主要任务就是在分析相关区域的经济社会发展条件、资源条件和村庄现状发布与规模的基础上，确定村庄建设要求，提出合适的村庄人口规模，确定村庄功能和布局，明确村庄规划建设用地范围，统筹安排各类基础设施和公共设施，保护历史文化和乡土风情等，同时包括村庄经济社会环境的协调发展、生产及其设施的安排、耕地等自然资源的保护等。通过村庄规划，促进农村经济发展，调整产业结构，有效节约土地，改善生态环境，发展农村社会文化事业，从而推动农村地区经济社会的全面发展和进步。村庄规划主要包括村域规划和居民点规划两部分。村域规划是以行政村为单位，主要对居民点分布、产业及配套设施的空间布局、耕地等自然资源的保护提出规划要求。居民点规划包括

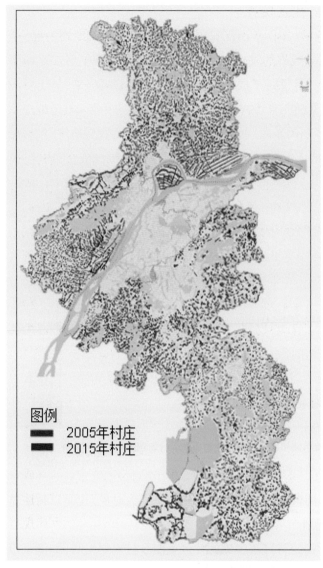

图例
2005年村庄
2015年村庄

图3-9 南京市域村庄聚落变化情况（2005—2015年）
资料来源：2005年、2015年南京市镇村布局规划

村庄各类用地布局、村庄的总平面布局和空间形态的控制，具体安排村庄内部包括住宅、公共服务设施、基础设施等各项建设以及历史文化保护等内容。

　　进入新时代，党的十九大提出了乡村振兴战略，城乡规划管理的政府职能正在进行调整和重组，乡村规划也必须进行相应的系统改革，才能发挥引领乡村振兴的作用。城市问题与乡村问题互为因果，城市发展与乡村振兴是同一个事情的两个方面，其长久的动力源自城镇化过程中城乡关系的改善。新时代的乡村规划技术体系改革需要摆脱部门主义和学科偏见，从更宽泛的人居实践视野，用人居科学理念和复杂适应系统理论作指导。

3.4.3　村庄土地利用规划的试点探索

浙江省村土地利用规划起步较早,2011年浙江省国土资源厅部署开展了第一批5个村土地利用规划试点。在第一批试点成果的基础上,2015年2月部署开展了第二批19个村土地利用规划试点,并于2016年7月进行了成果初步评审。试点开展以来,国土资源部高度关注。经过多年的试点摸索,浙江省各村级土地利用规划试点单位从村土地现状调查、土地适应性评价、全村域土地利用布局、村规民约、村土地整治、农用地使用、与相关规划的衔接、集体经营性建设用地入市等方面对村土地利用规划编制的方法、内容、技术和成果形式进行了有益的探索[1]。

党的十八大以来,党中央、国务院对做好新时期农业农村工作作出一系列重要部署,提出深入推进农业供给侧结构性改革、深化农村土地制度改革、赋予农民更多财产权利、维护农民合法权益、实现城乡统筹发展等重大决策,并明确要求"加快编制村级土地利用规划"。为贯彻落实党中央、国务院决策部署,适应新形势下农村土地利用和管理需要,鼓励有条件的地区编制村土地利用规划,统筹安排农村各项土地利用活动,2017年2月,国土资源部发布《关于有序开展村土地利用规划编制工作的指导意见》,加强农村土地利用供给的精细化管理,为农村地区同步实现全面建成小康社会目标做好服务和保障。根据国家这个《指导意见》,村土地利用规划的编制,由县级国土资源主管部门会同有关部门统筹协调,乡(镇)人民政府具体组织。

村土地利用规划是乡(镇)土地利用总体规划的重要组成部分,是乡(镇)土地利用总体规划在村域内的进一步细化和落实。规划期限与乡(镇)土地利用总体规划保持一致。规划范围可结合当地实际,以一个村或数个村进行编制。规划基数以土地调查成果为基础和控制,进行补充调查确定。规划编制应当执行国家、行业标准和规范,充分运用遥感影像、信息化、大数据分析等先进技术手段,切实提高成果水平。以村土地利用规划

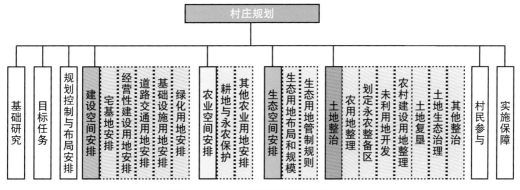

图3–10　村庄土地利用规划工作内容

资料来源:作者自绘

① 陈铭.关于村土地利用规划试点工作的几点思考[J].浙江国土资源,2016(11):45.

为"底盘",统筹考虑农村产业发展和各类基础设施建设等用地需求,做好交通规划、农业发展规划等相关规划的衔接,实现农村发展"一本规划、一张蓝图"。这次试点,主要在江苏、重庆、浙江、天津等省市开展,对村土地利用规划的核心内容、技术方法、编制程序、管理要求、实施机制等方面进行了有益探索,取得了一些经验,并规定开展农村土地制度改革试点、社会主义新农村建设、新型农村社区建设、土地整治和特色景观旅游名镇名村保护的地方,应当编制村土地利用规划;其他地方要明确推进时间表,结合实际有序开展。

针对以往村庄规划忽视耕地、基本农田保护、土地整治等内容,对生态保护问题不够重视;过于偏重村庄居民点设计,更多地关注村庄居民点的空间布局及村庄建筑设计引导,对居民点以外的其他区域规划深度不足,不足以引导村域空间的发展安排;对集体经营性用地管控深度不够,不足以引导经营性建设用地入市;成果表达不够美观、直接,多注重于文本编写和数据库的建设,表达不够直观、友好,领导、村民等非专业技术人员理解困难、实施效果差等问题,要求村级土地利用规划的编制要按照"望得见山、看得见水、记得住乡愁"的要求,以乡(镇)土地利用总体规划为依据,坚持最严格的耕地保护制度和最严格的节约用地制度,统筹布局农村生产、生活、生态空间;统筹考虑村庄建设、产业发展、基础设施建设、生态保护等相关规划的用地需求,合理安排农村经济发展、耕地

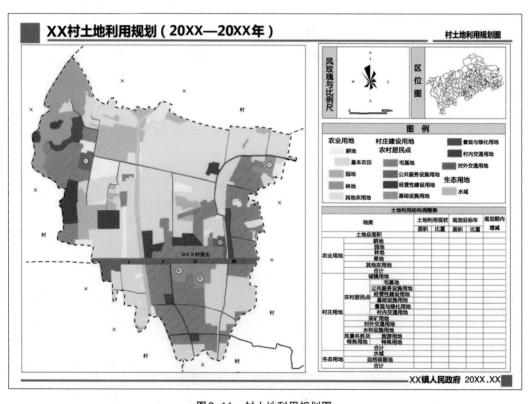

图3-11　村土地利用规划图

资料来源:国土资源部.村土地利用规划编制技术导则[S].2017.

保护、村庄建设、环境整治、生态保护、文化传承、基础设施建设与社会事业发展等各项用地；落实乡（镇）土地利用总体规划确定的基本农田保护任务，明确永久基本农田保护面积、具体地块；加强对农村建设用地规模、布局和时序的管控，优先保障农村公益性设施用地、宅基地，合理控制集体经营性建设用地，提升农村土地资源节约集约利用水平。编制村土地利用规划，就是要聚合相关要素，将上级规划确定的控制指标、规模和布局安排落到地块，科学指导农村土地整治和高标准农田建设，遵循"山水林田湖是一个生命共同体"的重要理念，整体推进山水林田湖村路综合整治，发挥综合效益；强化对自然保护区、人文历史景观、地质遗迹、水源涵养地等的保护，加强生态环境的修复和治理，促进人与自然和谐发展。

这次全国开展的村土地利用规划编制试点工作，根据规划定位和管控需要，确定村土地利用规划成果由规划图件、表格和管制规则组成。规划图件宜采用1：2 000比例尺或精度更高的数据制作，包括村土地利用现状图、村土地利用规划图，以及根据需要编制的其他规划图件。规划表格包括规划目标表、土地利用结构调整表、重点建设项目表等。规划管制规则包括耕地、宅基地、设施农用地、公益性设施用地、集体经营性建设用地等不同用途土地的使用规则。参考《村庄规划用地分类指南》（建村〔2014〕98号），将农村居民点用地分类适度细化，可细分为农村宅基地、集体经营性建设用地、村庄公共管理与公共服务、村庄基础设施用地和村庄其他建设用地五类；还可根据村庄规划编制的需要，在此基础上进一步细分。村土地利用规划图上应当标明村庄建设用地规模边界和扩展边界，农村宅基地、集体经营性建设用地、公益性设施等用地范围，交通、水利等基础设施和其他独立选址建设项目的位置和用地范围，永久基本农田保护红线和生态保护红线，一般耕地和其他农用地的范围，土地整理复垦开发项目区、高标准农田建设项目区、增减挂钩项目区、工矿废弃地复垦利用项目区等范围。

在试点工作开展后，针对村土地利用规划的试点，学术界也进行了热烈的探讨[①]。王群等认为村土地利用规划属于土地利用规划体系中最基础的规划，是乡级规划控制下土地利用的详细规划，村土地利用规划是乡级土地利用规划的延伸和具体实施[②]。袁敏等人认为村土地利用规划是对县、乡级土地利用规划的再深化，应该将村级土地利用规划纳入土地利用规划体系，实现保护耕地和基本农田、促进村域产业发展等其他作用[③]。谭彩莲等认为应该将村土地利用规划纳入我国现行土地利用总体规划体系中，使现行五级土

① 苏国强.村土地利用规划编制研究——以内蒙古兴和县十二号村为例[D].呼和浩特：内蒙古师范大学,2018.11.
② 王群,张颖,王万茂.关于村级土地利用规划编制基本问题的探讨[J].中国土地科学,2010(3)：19-24.
③ 袁敏,王三,刘秀华,王成.土地利用规划体系的研究[J].西南大学学报（自然科学版）,2008(11)：95.

地利用总体规划变为六级土地利用总体规划[①]。叶丽丽等通过对村土地规划面临的问题和困难进行分析,提出了注重用地指标分解、推进中心村村庄建设、鼓励公众参与等应对措施和办法[②]。

至此,我国部分村庄呈现多种规划并存现象,如住建部的村庄规划、农业部的新农村建设规划、国土资源部的村土地利用规划等。其中,村庄规划是以实现村庄生产、生活和生态协调发展为目标,对村庄的整体发展策略、空间和资源的管控利用以及对住宅、基础设施、公共服务设施、历史文化和自然风貌保护、防灾减灾等作出具体安排的法定规划。而村级土地利用规划侧重于村域耕地保护、农用地和建设用地利用、生态用地保护、土地整治安排等,是各类村庄规划的目标和意图在用地和空间布局上的落实,也是引导各类村庄规划编制的基础性规划。由于该三个部门从各自管理角度出发开展村级规划编制,规划内容各有侧重,以致规划基础、规划目标、空间布局和管控规则等差异较大,矛盾突出,难以统一协调。

行政村作为最小的行政单元,既是实施各项政策和规划的最终落脚点,也是落实国土空间用途管制、保护乡村生态环境的基层单位。在国家空间规划体制改革以及乡村振兴战略实施的大背景下,村庄规划必须纳入国家空间规划体系统一设计,应整合当前村土地利用规划、村庄规划、产业规划等核心内容,统筹村域空间资源的配置,形成村级层面"一本规划",即村庄规划。新规划体系下的村庄规划应围绕构建和谐可持续的人地关系这一核心目标,形成涵盖村域管控和建设布局的规划内容体系。村域管控应统筹落实三区三线与空间格局、各类建设用地规模、布局和时序的管控,科学指导农村土地整治和高标准农田建设,强化对自然保护区、人文历史景观、水源涵养地等的保护,加强生态环境的修复和治理。建设布局主要对农村居民点、村公共服务设施、基础设施、产业发展等具体建设项目进行规划布局,推荐建筑选型,并对乡村风貌和历史文化保护等提出管控要求。

---

① 谭彩莲,黄春芳,唐云松.我国土地利用规划体系存在的不足及对策[J].安徽农业科学,2009(7):3159.
② 叶丽丽,付洒,崔许锋,梁彬.村土地利用规划编制关键性问题分析——基于村土地利用特征的思考[J].中国国土资源经济,2018(6):52-53.

工业革命后，发达国家在工业化城市化快速发展过程中，均出现过城市发展与乡村发展之间的冲突，并提出"新城市主义""精明增长""增长管理"等城市发展理念，通过倡导紧凑型、生态型的理性城市发展模式和城区土地混合利用、保护乡村地区和环境敏感区等空间规划手段较好地解决了城乡空间发展之间的冲突[①]。尤其是20世纪50年代中后期以来，发达国家大规模推进农业现代化和乡村城镇化进程，提升村庄的服务功能，加快现代化进程。截止到20世纪70年代，大部分发达国家基本完成了乡村的现代化进程。发达国家的村庄规划建设起步早，发展模式各具特色，发展经验成熟。本章从国外村庄规划建设的背景、模式和建设管理等几个方面，对包括美国、德国、法国、日本等国家的村庄规划建设经验进行总结，以期为我国村庄规划提供经验借鉴[②]。

4.1　英国：区域规划政策指导下的村庄规划

英国行政建制上有城乡区分，在郡级就分为都市郡和非都市郡，各自再向下划分为都市区和非都市区等，但城乡互不隶属；英国的乡村建设较早就将城市与乡村的规划结合在一起，实行城乡一体化规划管理的模式，支持乡村，促进城乡一体化发展。

英国的城市规划始于19世纪末期，但涉及乡村规划的法规则是第一次世界大战之后才开始出现的[③]。英国最早涉及乡村规划的法规是《城乡规划法》(1932年)，旨在阻止城市无序蔓延式扩张侵占乡村，促进城乡融合。1942年，斯科特委员会提交了《乡村地区土地利用》报告，提出要增加食品产量，限制乡村地区

① 雒海潮,刘荣增.国外城乡空间统筹规划的经验与启示[J].世界地理研究,2014,23(2):69.
② 温锋华.中国村庄规划理论与实践[M].北京:社会科学文献出版社,2017:48.
③ 于立,那鲲鹏.英国农村发展政策及乡村规划与管理[J].中国土地科学,2011,25(12):78.

国外村庄规划的基本内容与变革趋势

的所有非农业开发。自20世纪40年代末英国通过相关空间规划和区域政策实施"绿化带"政策、"国家公园"建制和"杰出的自然景观区"三种机制,严格控制了英国乡村地区的开发建设,完整地保护了英国的农业用地和乡村地区[①]。1947年颁布了《城乡规划法》,对乡村地区的开发建设进行了严格的限制,试图阻止城市蔓延和乡村无序发展。

到了20世纪70—80年代,英国政府重新审视农业发展模式与乡村发展前景,寻求"乡村地区自然环境质量与乡村社区生活质量"之间的平衡。1968年,英国政府颁布了新的城乡规划法,确立了由结构规划和地方规划组成的二级城乡规划体系;同年还颁布了村镇规划法案,强调乡村保护和乡村建设。1991年和2004年相继颁布了《规划与补偿法》和《规划与强制性购买法》,将提高乡村居住质量作为乡村规划的核心任务。

2000年出版的《乡村白皮书——我们的乡村——未来:英格兰乡村的公平施政》是由环境、交通和区域部(DETR)以及农业、粮食和渔业部(MAFF)共同制定的。两部门对既有的乡村政策框架进行了审视,认为目前的乡村地区面临着广泛的挑战,需要有新的乡村构想和行动,来满足乡村社区及各地多样化的需求。两部门共同提出了乡村四个方面的"目标构想"和十大重点行动:(1) 具有活跃乡村地区和高质量公共服务的宜居乡村(维持必备的乡村服务;使乡村服务设施现代化;提供经济适用型住房;实施地方交通方案);(2) 具有经济多样化、能够提供高水平稳定工作的高就业乡村(复兴集市和繁荣乡村经济;为种植业确定新方向);(3) 环境得到改善和可持续发展的享受型环保乡村(保护英格兰乡村地区的特殊景色;确保人人能来享受乡村美景);(4) 能够塑造自身未来,向各级政府传达自己声音的活力乡村(将地方权力下放到镇和村;站在乡村的立场思考)。

2002年新成立的环境、粮食和乡村事务部(DEFRA)综合了原来的环境、交通和地域部,农业、粮食和渔业部等关于乡村事务的职能,成为更加综合的乡村事务部门。2004年该部门发布的《乡村战略》提出优先将乡村地区视为社会、经济和环境总体构想的一部分,并进一步提出乡村地区发展的三个目标:(1) 经济和社会复兴——支持全英格兰乡村地区的企业,但以各地区最需要的资源为目标;(2) 面向所有人的社会公正——处理乡村社会排斥问题,为全体乡村居民提供公平的服务和机会;(3) 提高乡村地区的价值——为了现在和后代保护自然环境。

2004年的《第7号规划政策文件:乡村地区的可持续发展》专门针对乡村地区发展而颁布,意在指导乡村地区的发展和建设,改善人民生活和当地环境,实现乡村地区的可持续发展,是当前英国乡村规划及管理的主要依据。因此,乡村地区的自然环境保护一直是英国乡村规划的关键特征与核心内容。

---

① 于立,那鲲鹏.英国农村发展政策及乡村规划与管理[J].中国土地科学,2011,25(12):80.

可以看出,英国的乡村政策也呈现出变化,即由原来的限制、规划、保护、控制转向复兴和长期可持续的发展。同时,认为"用地规划"无法为塑造社区提供动力,从而提出"空间规划"属性的乡村规划,成为地方塑造者的工具。乡村规划的核心也不再局限于规划制定和开发控制,而是协调与成熟管理。乡村规划被赋予更多的内容与责任,主要包括协调乡村地区不同群体之间的诉求与期望,同时通过整合与协调各种议程,解决环境和开发利用间的冲突。其终极目标是构建更美好的乡村,将不同的变化动力汇聚到一起,追求人们想达到的社会、经济和环境目标。

在具体的建设行为与空间管控方面,英国的乡村聚落也采用差异化的发展政策,发展侧重于部分规模较大的都市区内的聚居点。而其他稀疏的乡村居民点、大面积的乡野和海岸区,以保护景观特征、提高生物多样性和环境质量为主。判断某个村庄或居民点是否适宜有新的发展的指标,主要包括:

- 居民点的建筑和景观特征
- 小学和中学的可达性
- 医院和诊所的可达性
- 邮局的可达性
- 居民点是否在离(区域性)道路1英里范围内
- 居民点内是否有便利的食物商店
- 居民点内有无社区中心
- 能让居民点内居民到别的居民点去工作或使用公共设施的公共交通的水平
- 由专业人员评估的承担新的发展的能力
- 对于可支付的住房的需求程度

在乡村土地利用和规划许可管理方面,英国鼓励在乡村地区开展休闲、旅游、住宅、商店、社区设施等建设活动,但是建设行为不能影响自然公园的价值品质,同时鼓励对现有的设施进行改善与提升。在新住宅方面,基本上不允许市场化的住宅建设行为,一般的住宅建设是为了满足本地居民的需要。对于住宅、商店和社区设施,在证明社区有需求的情况下,鼓励在名录上的居民点和村庄提供或建设,如果村内没有合适的用地,允许在村子的边缘建设。鼓励优先使用闲置建筑。如果要将社区设施改成非社区公共性功能,必须提供详细文件证明社区已经不需要这项公共服务设施。不允许将社区公共的文化和体育设施改作其他用途,除非有新的替代设施,或者证明社区已经不需要这类公共文化和体育设施。商店、专业性的服务和相关行为主要安排在镇、村内部。商店和专业的服务设施必须位于中心镇的中心商业区或者位于目录内的村庄的发展区,数量和尺度要跟村内的居民的需求相符合。在其他地方不允许有这些建设行为。这些建设行为不能影响周边的居住品质和环境质量。

4.2 德国：土地利用规划+建设指导规划

德国属于联邦制国家，分为联邦、州和社区（地方的城市或乡村层级）三个级别，不存在类似于我国受上级市、县行政机关管辖的乡和村的行政管理层，其乡村地区与其附近的城市地区是平级关系，乡镇并不从属于县市，地方政府拥有较大的权力。德国没有独立的乡和村的行政管理层级，乡村居民所在地及其周边的农田、林地直接由镇、区依据覆盖全行政区域范围的土地利用规划进行统一管理。伴随着德国工业化和城市化进程，乡村地区不再仅仅处于工业社会的边缘地带，而是发展成为与城市地区在经济、社会各个方面高度关联的地区[①]。基于这种认识，德国在战后的城乡建设中，实行了城乡均等发展的区域政策。

基于这种相对平等的政治地位和规划工作对城乡统筹关系的认识，1965年在指导空间整体发展的《空间秩序法》中，不再使用城市这一概念，而是改用"密集型空间"和"乡村型空间"对整个国土空间进行划分。密集型空间是由中心城市及其周边"城市化"的小城镇群所组成的地区。在形式上，密集型空间是指大规模"城市的"，或者至少是"近郊的"建成区。在"密集型空间"之外是被称为"乡村型空间"的聚落地区。这些地区的农业经济地位大大降低，同时已经与工业化和后工业化的城市地区关系越发紧密。1987年又颁布了《建设法典》，与《空间秩序法》一起构成了德国空间规划法规体系的基础。针对其他专项规划的要求，德国另外颁布了《田地重划法》等。

德国的乡村地区规划主要为"土地利用规划+建设指导规划"。规划由城乡社区自己负责制定，分为两个层次。第一个层次是整个社区层面的"土地利用规划"，主要是根据地方公共部门对于当地发展的设想，将全部行政区域纳入规划范围，并对土地利用的各种类型做出初步规定，在乡村地区政府行政范围内的居民点内部与外围的各项建设用地，以及其他的农业用地，都要通过土地利用规划进行全覆盖的统一管理。在整个社区土地利用规划层面，德国强调功能控制和相关功能准入管理。土地利用规划并无失效的期限，会不定期依实际需求进行修订及更新，包含一般土地利用的区域及特殊类别、公共设施及基础建设。乡镇土地利用规划需要经过上级政府的核准。

德国乡村地区人口所占比例很低且持续下降（低于2%），农业生产对于整个国民经济的意义也不断降低。在郊区化进程中，居民的机动化水平大幅提高，除了大量居民迁居至小城镇甚至乡村之外，城市居民到周围乡村地区的休闲活动也不断增加，这使得乡村地区承担起与休闲娱乐活动相关的城市职能。同时，受可持续发展观念的影响，环境受到了前所未有的重视，因此，在服务于休闲娱乐活动的同时，维护当地的景观和文化认同就成为当前乡村地区规划的核心工作。地方规划管理工作的重点就是在利用这个发

---

① 易鑫.德国的乡村规划及其法规建设[J].国际城市规划,2010,25(2): 11.

展机遇的同时对其进行合理的控制和引导。乡村型的开放空间主要承担农业和林业、自然和景观、原料和矿藏三大功能，并通过优先区、保留区、适宜区、排除区四类区域来建立功能注入与排除制度。同时，针对不同类型的开放空间，准入条件也不相同。

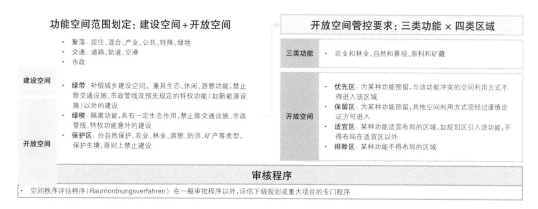

图4-1　建设空间+开放空间的功能体系
资料来源：作者自绘

面对这种情况，土地利用管理的技术性层面上，在《建设用地分类规范》中就专门增加了两类与乡村地区有关的建设用地类型，即第5条的村庄区，主要用于安置农业、林业生产单位，其中包括居住，也包括其他用地；第10条的用于休憩的特殊区，可以分为三种主要类型：（1）周末度假住宅区；（2）度假住宅区；（3）野营地地区[①]。在土地利用管理的技术性层面上，德国强调全域规划。对旅游地区的土地利用和建筑许可，《建设法典》也规定，"整体……或者其某些部分主要以旅游为特点的城乡社区，可以在建设规划中或者通过另外的法令"对按照《建设用地分类规范》规定的旅游用途的用地进行分类。

第二层次为"建设指导规划"，强调精确落实规划意图，依据土地利用规划的基本原则和要求，对建设用地上的各项建设指标给出非常详细的规定。这些规定也就成为当地规划管理部门进行建设项目审批的重要依据[②]。《建设法典》规定了全覆盖的土地利用规划中要确定的三类规划权利区及其建设行为要求：（1）建设规划地区。建设规划地区是新的建设指导规划生效的开发地区。开发项目必须严格依据建设规划的各项要求才能得到许可，并且还要确保提供地方性的公共基础设施。这一地区是受到社区政府认可，甚至得到鼓励的发展地区。（2）建成区。建成区是历史上已经进行了开发的地区。其内部已经存在大量建筑和设施，新项目实际上是在已有的建筑之间的空地上建设的。所以新项目的建筑类型、建筑方式只有在与附近的环境特点相协调，并且不破坏这些现存建筑和设施的条件下，才能得到许可。（3）外围地区。在建设规划地区与建成区之外的地

---

① 易鑫.德国的乡村规划及其法规建设[J].国际城市规划,2010,25（2）:12.
② 易鑫.德国的乡村规划及其法规建设[J].国际城市规划,2010,25（2）:13.

区称为"外围地区",一般不允许进行城市建设活动。只有那些"具有优先权"的建设项目是被准许的,这主要包括农业生产建筑、属于遗产继承下来的乡村住房和农业生产用房以及那些由于自身原因不便在建成区内建设的项目,如变电站、蓄水站、废弃物处理站或电站等。[①]《建设法典》和《田地重划法》要求建设指导规划和田地重划规划之间相互合作,服务于村庄更新建设的要求:一方面,通过新建或者改建生产用房以改善农业生产

专栏4-1 德国法兰克福区域总体规划对乡村地区的空间管控

在德国法兰克福区域总体规划(2010)中,针对全域空间进行了更加精细化的空间管控。全域用地分为六大类,即聚落形态用地(没有城与乡之分)、农业与林业用地、保护原生资源用地、自然和景观用地、交通用地及供水等基础设施用地。在乡村地区的空间管控方面,强调过程管控。居住区、混合区等聚落形态在总图上既表达规划用地,又表达现状建成用地,即通过不同的图例表达,更加直观地反映出现状的开发状态及未来应该拓展的方向与限定的空间规模界线。

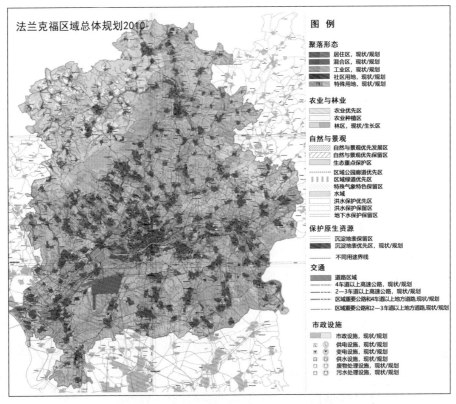

图4-2 法兰克福区域总体规划(2010)示意图

资料来源:汪毅,何淼.大城市乡村地区的空间管控策略[J].规划师,2018(9):121.

---

① 易鑫.德国的乡村规划及其法规建设[J].国际城市规划,2010,25(2):14.

的场院,改善村镇道路和集体设施以便为农业生产的机械化服务;另一方面,改善生活条件、交通条件和村庄的外貌形式,例如建设休闲活动设施,重新利用已经荒弃的农业生产建筑,或者重新改造过去过于偏重道路通行而建设的过境道路等。

其中,农地重划是涉及农村地区的专项规划,主要任务是规范和引导农村地区土地整理、提高农业发展效率。通过农地交换重新划定地界,整合农业用地,促进农业现代化,以及改善自然生态环境与社区基础设施。农地重划致力于有计划地重新组合乡村地区农业生产用地的空间结构,对所涉及区域内部的道路建设、水资源管理、相关的景观维护、自然保护以及一系列其他设施的新建与改建任务,与有关部门进行广泛协调。而其最初的目的仅集中于农业生产自身,通过合并农业生产用地,来改善农业机械化生产的基本耕作条件,更好地布置安排农业生产企业的院落;在必要情况下,也可以将生产设施迁出村庄,或者新辟乡村建设地块,因而与建设用地的调整有密切关系,影响到整个乡村型空间的发展。

4.3 法国:村庄和市镇一体化规划编制和管理

随着城镇化水平的稳定,法国的乡村地区开始承担一些新的功能。一是多元化的生产功能。包括对环境压力小的工业以及都市型服务业等。农业本身也会趋于多元化,生态农业、有机农业、特色农业将成为农业发展的新的方向。除了农业作为基础产业外,法国乡村提供了大量的工业就业岗位,鼓励对环境压力小的工业在乡村的发展。而部分中小企业出于节省运输和人力成本的考虑,也越来越多地被乡村地区所吸引。同时,法国乡村的产业呈现出明显的三产化趋势。与居民日常生活相关的服务业,包括零售商业、教育医疗服务业等行业提供了50%的乡村就业岗位。二是高品质的居住功能。法国乡村居住功能的提升始于20世纪70年代的郊区化现象。这一方面得益于乡村产业功能的拓展以及由此带来的更多就业机会,另一方面由于乡村地区的住房相对低廉、宽敞且亲近自然,成为中产阶级购入房产的理想选择。法国乡村不仅是以上群体的常住地,也是城市居民度假小住的场所。从20世纪60年代末期,用于度假休憩的"二套房"逐渐在法国乡村地区盛行。三是可持续的旅游功能。法国乡村地区凭借其优美的自然环境、良好的设施条件和独特的人文情怀成为主要的旅游目的地之一。2000年,法国乡村地区在法国人旅游目的地中占比达35%—40%。在法国,乡村旅游业拒绝福特主义的大规模开发,而特别注重当地中小企业以及民间合作组织的发展。后者被认为在规模控制上更有节制,根植当地文化,也更能促进乡村普遍的以家庭为单位的就业。同时,乡村旅游业与农业、餐饮业、商业、手工业的结合,也对乡村经济起到了助推作用,增加了乡村居民的收入。2005年,法国约有10万个农场实行就地农产品销售,占农场总数的18%,其中17 700个农场同时从事旅游业,提供住宿和餐饮服务。

基于乡村地区在国家空间战略和地区发展的定位,法国国家有关区域规划政策文件提出法国乡村规划的主要目标包括：提高乡村地区的农业生产力；促进乡村地区的非农产业发展，以避免农业劳动力下降而引发乡村人口的大量外流；在乡村地区建设一定水准的公共设施，提高乡村生活方式的吸引力；在不对自然环境造成不利影响的前提下，在乡村地区发展旅游产业。针对这些规划目标，法国尊重乡村发展的规律，采用有限、有机的干预方式，多样化、差异化、动态化的空间政策指引。其差异化乡村规划类型包括：（1）区域自然公园规划。具有高品质的自然景观和人文景观的乡村地区，但因其环境的脆弱性而需要保护。（2）特色村镇保护与发展规划。主要采用设计导则的方式，规定"可以做""不可以做"和"怎么做"。（3）特色产业保护与发展（卓越乡村项目）。一旦获批，将得到国家辅以大区和省政府的资助。

在乡村规划和管理方面，法国不存在"城市"与"乡村"的行政建制之分，因此无论是在城市地区还是在乡村地区，均遵循从大区到省再到市镇的行政等级体系，并且均以市镇作为最基本的行政单元[1]。乡村开发和城市开发均被纳入统一的国土开发政策框架，可归纳为综合政策、地区政策和专项政策三大类型。它们建立在一套综合规划（或计划）和专项规划（或计划）的基础上，从国家、大区、省和地方联合体等不同层面，以调控包括城市与乡村在内的国土开发建设[2]。法国现行的城市规划编制包括区域层面的《国土协调纲要》和《空间规划指令》，以及地方层面的《地方城市规划》《市镇地图》和《城市规划国家规定》。其中，地方层面的城市规划是实施城市规划管理的重要依据，对于当地的城市建设或乡村建设行为具有强制性规范作用。

《地方城市规划》和《市镇地图》是分别针对较大的市镇和市镇联合体以及较小的市镇编制的地方性城市规划文件。它们均以市镇或市镇联合体为编制单元，由市镇政府或相关的市际合作公共机构负责编制，主要目的是依据上位空间规划的相关规定，划定城市化地区、设施地区、农业地区等，并提出建筑和土地利用的区划指标，作为实施城市规划管理的重要依据。法国城市和乡村地区实施统一的规划许可制度，乡村地区根据上述两个规划文件和区划指标等法律政策，由市镇行政长官以市镇、市镇联合体或国家的名义，发放城市规划证书、建设许可证和拆除许可证[3]。

4.4 日本与韩国：农村土地利用规划+村庄建设整治规划

日本和韩国有着基本类似的农村建设发展背景，两国都形成了自己独特的农村发展模式。同为亚洲国家，两国有许多共同点，重点都是促进地方经济的发展，实现当地村民的脱贫致富。因此，他们被统称为日韩模式。1970年，韩国政府开始推行"新村运动"，

---

① 刘健.基于城乡统筹的法国乡村开发建设及其规划管理[J].国际城市规划,2010,25(2):4.
② 同上书:5.
③ 同上书:8-9.

旨在建设新农村和新国家，坚持"勤勉、自助、协同、奉献"的造村精神，其依托于扶贫增收，主要形式是农民的实践和政府的支持。首先，韩国政府强调规划第一，按步骤实施。政府从战略的角度充分意识到新村建设的必要性和重要性，对规划设计进行全面科学的分析与研究、自上而下的领导，注重规划的整体设计，同时，在新村建设过程中，也围绕规划分步骤、分阶段地推进实施；其次，在规划定位方面，韩国政府积极发挥农民在新村建设中的主导作用，在整个新村建设推进进程中，政府充当技术指导、政策解读的角色，给予村民充分自治的权利，同时支持各类非政府组织通过合法程序组织建立"新农村建设管理委员会"，统一管理各类建设资金，支持新村各类事项的协调及建设。经过40余年的发展，韩国在农村现代化建设方面取得了显著成就。日本紧随其后，在20世纪70年代后期，也开展了村庄规划建设活动，以振兴衰败的乡村、工业为目的，该项目被称为"造村运动"。在亚洲造村运动中，最著名和最有影响力的是大分县，其在政府的指导和支持下，在地方特色产品的基础上发展区域经济，称其为"一村一产"运动。按照区域产业布局，以及专业生产和大规模经营操作的要求，根据当地实际情况制定具有独特区域特色的产业和主导产品，形成产业集聚，最大化发挥当地农村劳动力转移的作用，并促进当地农民脱贫致富和新农村建设。

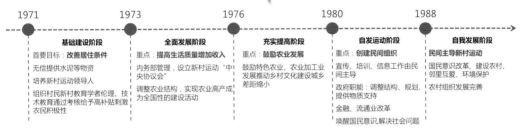

图4-3 韩国"新村运动"的主要历程
资料来源：作者自绘

在日本，由于基层的行政组织有市、町、村三个层级，我们常常所说的"市"是城市，"村"是乡村，"町"虽然属于乡村，但是与"市"的差别却较为模糊。因此，日本1960年的国势调查中引入了人口集中地区（DID）和非人口集中地区（非DID）的概念，特别对城市地区进行了界定，指出以人口为指标，人口密度在4 000人/km²以上或相邻地区总人口5 000以上的人口集中地区为城市，其他为乡村[1]。日本规划体系包括国土综合开发规划、国土利用规划、土地利用基本规划和城市规划。国土综合开发规划是国家或地方公共团体制定的综合性和基础性的规划，分为全国国土综合开发规划、大都市圈整治建设规划、地方开发促进规划和特定地域发展规划等。土地利用基本规划是以国土利用规划为依据，以划定城市地区、农业地区、森林地区、自然公园地区、自然保护地区等五种地

① 刘玲.基于政策视角的战后日本乡村规划变迁研究[D].北京：北京建筑大学,2017：9.

域,以及调整土地利用等有关事项为内容,由都道府县一级政府制定。土地利用规划包括农村土地利用规划和城市土地利用规划。农村土地利用规划主要对农用土地加以限制,保护耕地、林地以提供美丽风景区和娱乐场所,并通过土地利用转换来弥补农用地的损失。

日本乡村规划对象包括城市规划区以外的乡村地域;或特定地域的农业中心村落、农业振兴地域、农业农村整备等的对象区域;市町村、旧村单位、村落单位、广域生活圈等的乡村行政区域三大方面,涉及的乡村地区规划主要为市町村农业振兴地域整备规划和农村综合整备规划。市町村农业振兴地域整备规划的具体内容包括市町村农业土地利用规划、农业生产基础整备规划、农业近代化设施整备规划等方面,属于部门的专项计划,类似于我国的市县、乡镇层面的农业产业和布局专项规划。农村综合整备规划就是当前的农村振兴基本计划,规划具体包括对乡村地区的现状调查与诊断、未来图景和目标的设立、农村振兴相关政策实施的基本方针等部分,规划时应注意保持地域的风格特色,规划内容和定位类似于我国的村庄规划,规划期为10年。规划内容主要分为三方面的内容,在农业方面,包括农地长期保全目标的设定、农业土地利用规划(包括农业利用、环境意义、重视生产)、基础设施整备规划、农业的多方面功能的应用等;在生活方面,包括村落设施规划(应与其他省厅的相关规划进行协调)、景观形成和环境保全、建筑等的规划与建设;在环境方面,包括绿地保全、生态系统保全(湿地、池塘、林地等)、景观和舒适性的确保等[1]。

日本的村庄规划也包含村域规划和中心村规划两个层次。比如1964年成立的大泻村,自1960年代开始到1973年,日本的多个相关机构——农林省、农村建设研究会、日本城市规划学会等共对其进行了多次规划,经过多轮比选最终确立了一个村落的方案。该村落方案实施后,大泻村共有居民998户、3 400多人,其中农户589户、2 864人。村内道路主要分为三级,实行人车分离以保障老人和小孩的安全,且沿主要道路还设置有防灾林,村农业用道路全长452.2公里,满足农业机械化生产。大泻村的村庄聚落占地面积690公顷,在功能上规划有居住区(包括发展预留区)、农产设施区、保健体育设施区及环境卫生设施区四大分区,实现了生产和生活的分离。此外,在居住区的中心地带南北设置有各类公共设施,包括教育、办公、生活、休闲及医疗等方面,为居民的日常生活提供服务。

目前,日本90%以上的人口居住在城市,乡村地区在环境保护、国土保全等方面具有战略意义,因此,如何利用地区资源,挖掘农村的潜力,提高生活舒适性,建设有地域特色、活力与魅力的美丽农村,实现与自然的和谐发展,发挥地域作用,成为日本乡村规划的重要任务。

---

[1]　刘玲.基于政策视角的战后日本乡村规划变迁研究[D].北京:北京建筑大学,2017:9-14.

4.5　国外村庄建设与规划法规体系小结

伴随城市迅速向乡村地区扩张,乡村传统生产和生活方式、自然环境面临剧烈冲击和转型几乎是各个国家都要面对的村庄发展难题,各国在村庄规划建设与村庄管理方面的成功经验给了我们很多借鉴。首先,要关注创造农村生活力的农村经济发展。面对人口向非农产业转化的必然趋势,通过兴建基础设施、注入扶持资金、复兴村庄传统文化,避免乡村地区的衰败;其次,重视对乡村特有的生态景观的保护式开发,如荷兰设立有专门的乡村规划和设计部门,通过景观设计体现荷兰乡村的独特魅力。而韩国则将这种村庄特色资源开发成观光产业。第三,强调严格的土地控制,通过用地规划控制、划定边界、开发权管理、农村建设规划许可证制度等多种形式遏制城市的无序扩张,以及确保公益性用地需求能够导入到非政府所有权的地块。此外,注重城乡规划的协调与有机结合。乡村规划必须充分考虑城市的影响与联系,以城乡功能联系研究为基础指导。在具体的乡村规划实践过程中,不同的国家侧重的规划内容亦有所不同。法国注重乡村开发模式和规划的政策管理,德国规划注重严格的规划管理和广泛的公众参与机制,韩国的新村建设重视基础设施建设和政府的资金支持,日本的造村运动实施统一规划,重视农业产业化经营、科技人才的培养和各项政策措施保障。[①]。

---

① 叶红.珠三角村庄规划编制体系研究[D].广州:华南理工大学,2015:17.

第三篇

传承与定位

3

5 两种主要不同导向下村庄规划的对比分析

5.1　机构改革前乡村地区规划编制的两种类型与导向

梳理我国机构改革前,不同部门的乡村地区规划的主要定位与主要内容,有助于更好地理解新时期国土空间规划体系下"多规合一"实用性村庄规划的定位与意义,也有助于在传承中创新,在坚持中变革,汲取不同体系与不同导向下乡村地区规划的优点,编制"能用、管用、好用"的村庄规划。由于乡村地区各部门权责关系复杂,不同部门的规划触角也延伸到乡村地区。但是归纳而言,机构改革前的乡村地区的规划主要还是沿着住建部的城乡规划体系以及国土资源部的土地利用规划体系两条路径展开。下文将从这两条路径详细梳理不同体系、不同导向下的村庄规划。

5.1.1　原城乡规划体系下的乡村地区规划——面向建设、面向实施

在城乡规划体系下的乡村地区规划系列基本覆盖了总体层面、详细层面、专项层面的不同类型的规划。总体层面有市县层面的镇村布局规划(村庄布点规划)、美丽乡村片区规划;详细层面有村庄规划(含村域总体规划与村庄建设规划两个层次)、美丽乡村功能单元规划(美丽乡村、特色小镇、田园综合体等);专项层面有村庄人居环境整治规划、村庄旅游规划、村庄道路交通规划、村庄市政基础设施专项规划、村庄公共服务设施专项规划等类型(见下图)。

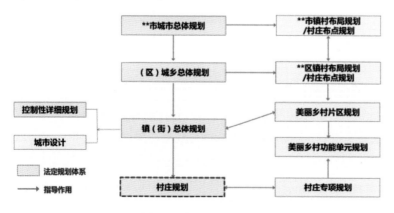

图5-1　城乡规划体系下乡村地区规划系列

资料来源:作者自绘

1. 镇村布局规划（村庄布点规划）

镇村布局规划的主要任务与内容包括：按照城乡空间布局全面优化的目标，合理确定进城、入镇、留村的人口比例与分布；尊重农民意愿，完善村庄分类，细化各类村庄的管控要求；引导农村产业发展；留住乡愁记忆，保护和传承乡愁特色；注重保障民生，提升乡村公共服务水平；合理安排建设时序，明确近期行动计划；等等。以江苏为例，作为在全国层面较早完成镇村布局规划编制的省份，分别在2005年、2014年、2019年开展了多轮镇村布局的优化工作。尤其像南京这样规划基础较强的城市，早在2006年就完成了《南京市郊县镇村布局》的编制，不一样的是由于乡村发展阶段的不同以及城乡关系的不断演进，每轮的镇村布局的规划原则与导向都呈现出不同的特征。其中，明确村庄分类是镇村布局规划的主要内容，江苏省2014年版的村庄分类分为"重点村""特色村"与"一般村"三大类；2019年村庄分类调整为"集聚提升类村庄""城郊融合类村庄""特色保护类村庄""搬迁撤并类村庄"以及"其他一般村庄"五大类。两次规划的村庄分类虽然不同，但是仍然有着较强的延续性与传承性（见下图）。

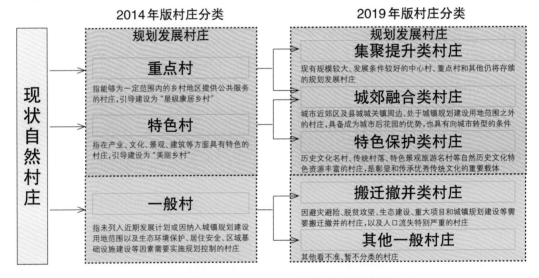

图5-2　江苏省两轮镇村布局规划村庄分类的变化

资料来源：作者自绘

由于乡村发展阶段的不同以及城乡关系的不断演进，每轮的镇村布局在规划原则与规划导向上都呈现阶段性的特点。从总体演进上看，经历了最初的乡村空间聚焦导向，以城市建设为本位的资源配置要素导向，向以乡村发展为本位转变。规划的编制更加符合城乡发展的客观规律，也更加以村民为中心，注重城乡公共服务以及公用设施的一体化。

从乡村地区规划体系上看，镇村布局规划属于总体层面的规划，较为宏观，虽未对村庄用地布局进行明确规定，但是根据村庄分类与布点对村庄的用地布局与用地规模有着重要的指导意义。从整个城乡规划体系看，镇村布局规划又属于市县总体规划的专项规

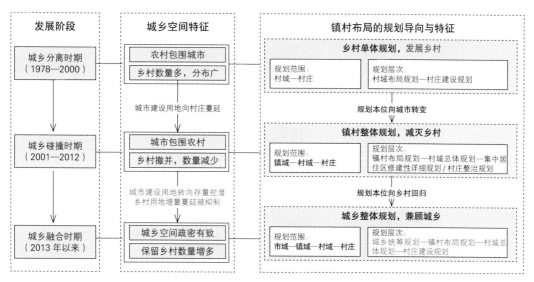

图5-3 南京镇村布局规划编制理念的变化
资料来源：作者自绘

划,起到承上启下的作用,在空间尺度上,镇村布局规划主要在市、县(市、区)两级进行编制,既衔接上级与同级的总体规划,又指导镇级总体规划、镇村布局规划以及具体村庄规划的编制。

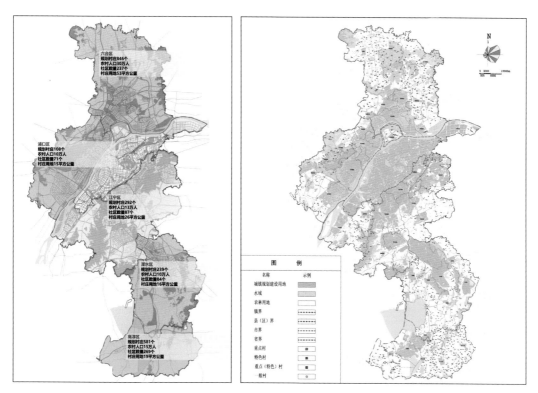

图5-4 南京市级村庄布点规划与镇村布局规划示意图
资料来源：南京市规划局.南京市镇村布局规划 [R].2015.

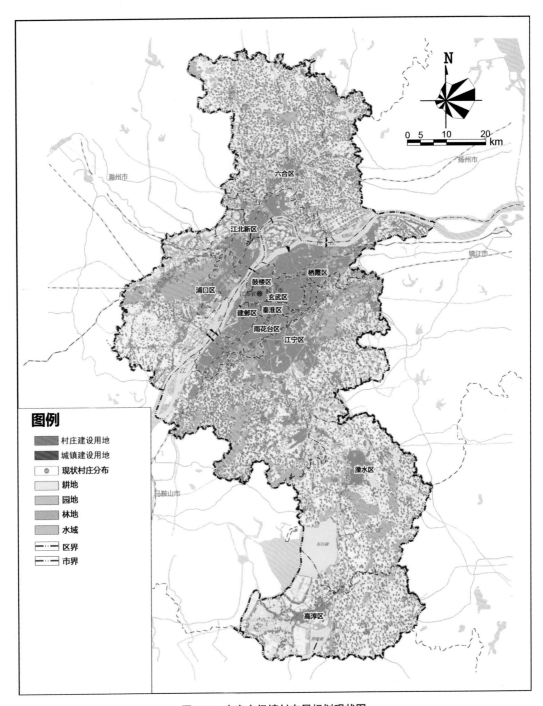

图5-5 南京市级镇村布局规划现状图

资料来源：南京市规划局.南京市镇村布局规划[R].2019.

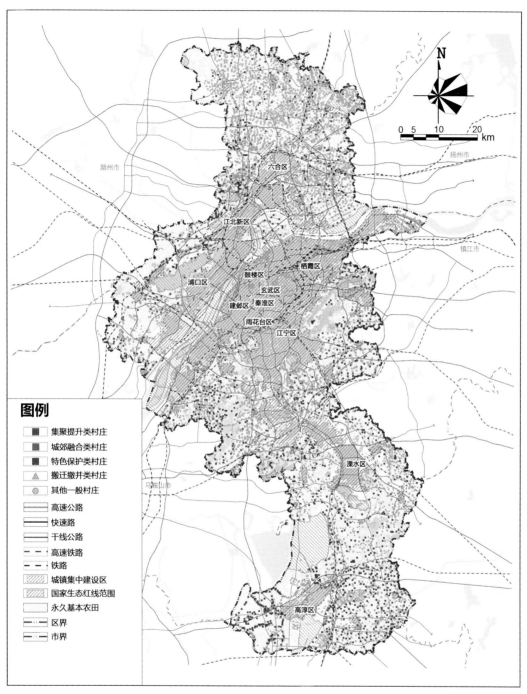

图5-6 南京市级镇村布局规划规划图

资料来源：南京市规划局.南京市镇村布局规划[R].2019.

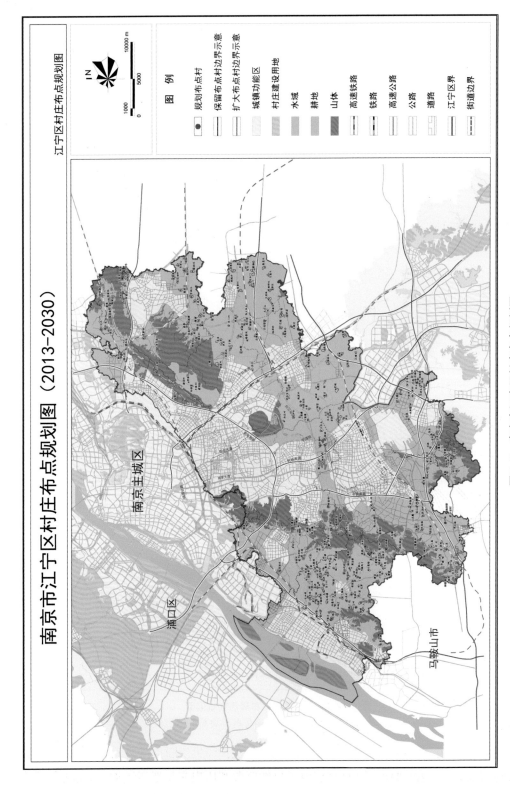

南京市江宁区村庄布点规划图 (2013-2030)

江宁区村庄布点规划图

图例

规划布点村
保留布点村边界示意
扩大布点村边界示意
城镇功能区
村庄建设用地
水域
耕地
山体
高速铁路
铁路
高速公路
公路
道路
江宁区界
街道边界

南京主城区

浦口区

马鞍山市

图5-7 南京市江宁区村庄布点规划图

资料来源：南京市江宁区人民政府.南京市江宁区村庄布点规划 [R].2013.

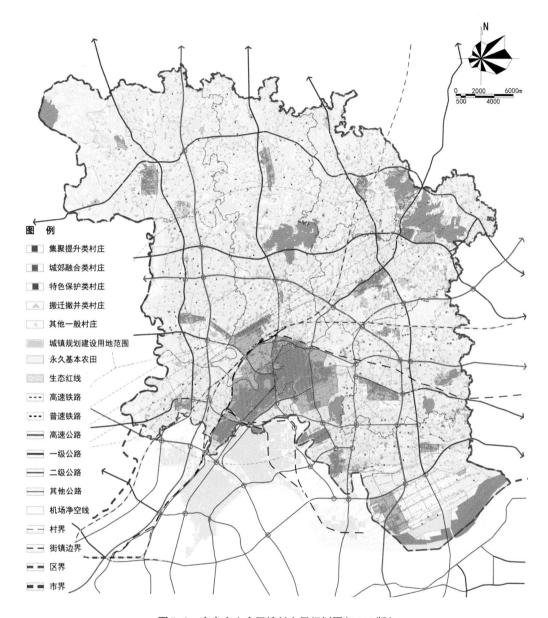

图5-8　南京市六合区镇村布局规划图（2019版）

资料来源：南京市规划和自然资源局六合分局.六合区镇村布局规划（2019版）[R].2021.

2. 村庄规划（含行政村村域总体规划与自然村村庄建设规划两个层次）

2008年颁布的《城乡规划法》首次明确了村庄规划的法定地位，将其纳入法定规划体系之中，同时对其内容也进行了明确规定。即村庄规划的内容应当包括：住宅、道路、供水、排水、供电、垃圾收集、畜禽养殖场所等农村生产、生活服务设施、公益事业等各项建设的用地布局、建设要求，以及对耕地等自然资源和历史文化遗产保护、防灾减灾等的具体安排。从条文上看，并未明确村庄规划的具体定义、规划范围与规划层次。与乡村

典型村庄规划的文本目录

前言

第一章　总则

一、规划原则
二、规划依据
三、规划范围

第二章　社区发展规划

一、社区概况
二、社区发展定位
三、社区村庄布点规划
四、社区土地利用规划
五、社区产业布局规划
六、社区公共设施规划
七、社区道路交通规划
八、特色资源名录

第三章　村庄整治规划

第一节　现状概况

一、村庄概况
二、社区现状分析
三、基础设施现状
四、公共服务设施现状
五、村容村貌现状

第二节　村庄条件分析

一、有利条件分析
二、现状问题分析
三、村民意愿

第三节　规划目标与定位

一、规划目标
二、规划定位

第四节　村庄建设规划

一、规划总体概况
二、农房整治规划
三、基础设施规划
四、公共设施规划
五、综合防灾规划
六、村容村貌整治
七、资源利用和保护

第五节　建设行动计划

一、实施步骤
二、投资估算

图纸目录

一、社区发展规划

1. 现状土地利用图
2. 土地利用规划图
3. 村庄布点现状图
4. 村庄布点规划图
5. 公共设施现状图
6. 公共设施规划图
7. 社区规划工作图

二、村庄建设规划

1. 土地利用现状图
2. 现状建筑质量评价图
3. 现状道路交通分析图
4. 现状公共、基础设施图
5. 道路交通规划图
6. 生态驳岸规划图
7. 公共配套设施规划图
8. 给水工程规划图
9. 污水工程规划图
10. 雨水工程规划图
11. 电力工程规划图
12. 环卫设施规划图
13. 综合防灾规划图
14. 村庄建设规划工作图
15. 农房整治引导图
16. 节点设计引导图

图5-9　典型村庄规划的文本目录与图纸目录
资料来源：作者自绘

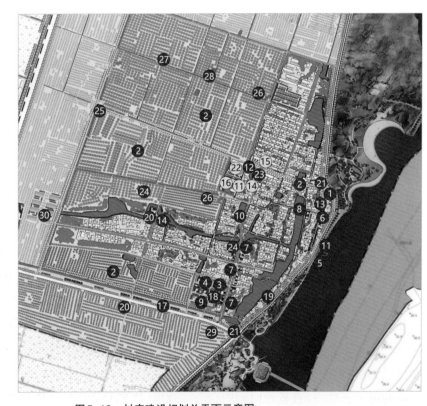

1.银杏特色体验馆
2.银杏林下休闲空间
3.银杏工艺品工坊
4.银杏创意工坊
5.古渡横舟
6.古渡“十里长街”
7.特色民宿
8.圯桥进履
9.金色渔村
10.授贤书院
11.医疗卫生站
12.授贤戏台
13.艺术体验室
14.健身广场
15.村委中心
16.敬老院
17.集装箱民宿、餐饮
18.家居设计工坊
19.滨水休闲空间
20.生态停车场
21.村入口
22.小学
23.文化墙
24.红良亭
25.金色田园
26.自行车长廊
27.银杏林药用牡丹园
28.密林探险
29.旅游驿站
30.银杏盆景创意园

图5-10　村庄建设规划总平面示意图
资料来源：作者根据项目实践自绘

发展和建设如火如荼的背景相对应的是，各地纷纷展开了不同层面村庄规划的编制探索，尤其是北京、上海、广东、江苏、浙江等经济发达的城市和省份。其中以村庄建设为导向的村庄规划是一种重要的类型。

这类的村庄规划一般分为两个层次，一是行政村村域层面的村庄总体规划，二是以自然村居民点为对象的村庄建设规划。

行政村村域的总体规划（发展规划）的主要内容包括：

- 明确村域内规划布点村庄的人口和用地发展规模，划定村庄规划建设用地范围；
- 明确行政村村域发展的主导产业；
- 开展农村特色资源调查，建立村域内特色资源名录；
- 明确行政村公共服务设施的内容、规模和布点；
- 加强行政村对外交通和市政管网的联系；
- 明确行政村内区域交通及市政基础设施的布局。

村庄建设规划是以总体规划为指导，对具体的自然村与农村居民点进行详细规划与安排，主要内容包括：

- 明确村庄建设用地，优化村庄空间布局；
- 细化村庄内建筑布局，加强村庄功能策划；
- 合理组织村庄内部交通，优化公共服务设施配套；
- 确定管线综合和竖向规划设计，提出景观设计引导要求；
- 主要道路及重要节点详细设计引导；
- 重点建筑及民房详细设计引导；
- 提出规划实施的措施与建议，建立村庄建设的项目库，明确建设时序和具体项目计划。

3. 村庄专项规划

在第二种村庄规划的基础上，结合村庄自身的独特条件特征或者特定发展需求衍生出多种类型的专项规划。由于村庄范围相对较小，这类村庄规划一般是针对具体内容的，诸如市政类的专项规划就相对较少。更多的类型主要包括，以历史保护为主要目的的历史文化名村保护规划、以发展乡村旅游产业为目的的村庄旅游规划、以乡村村容村貌改善为目的的乡村人居环境综合整治规划、以提升村庄景观环境为目的的村庄景观系统规划、以城市更新为目的的城中村更新改造规划等多种类型。这些专项规划与村庄建设规划相互配合，以乡村建设为主要手段，面向具体项目实施。相比较而言，这类规划通过工程项目的方式，对村庄具体的自然环境、产业发展、建筑物等进行规划，规划的可实施性强，在较短时间内会产生效果，因此对居民生活将会产生较为快速直接的影响。

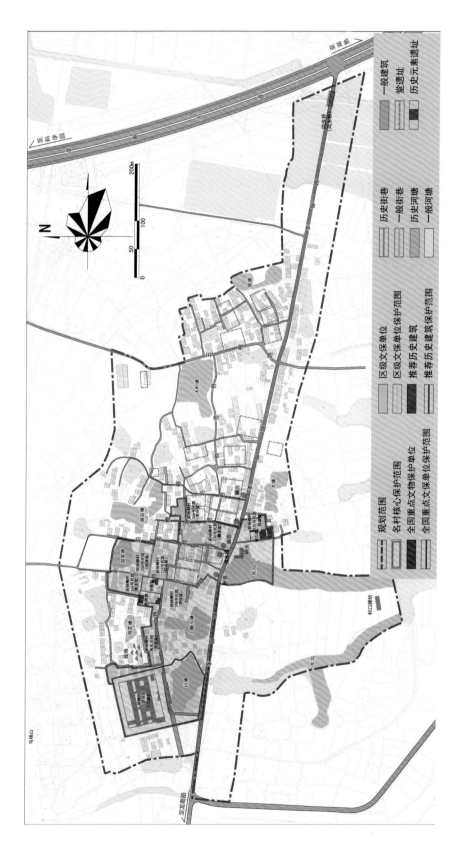

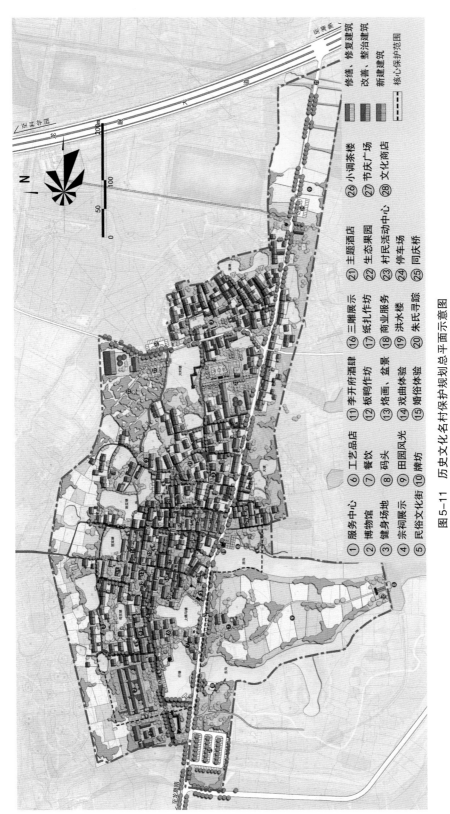

图5-11　历史文化名村保护规划总平面示意图

资料来源：南京市规划局.南京市江宁区杨柳村古村保护与发展规划[R].2012.

5.1.2 原土地规划体系下的乡村地区规划——强调管制、强调管理

由于我国土地利用总体规划体系采用的是国家—省—市—县—乡镇五级体系,对于村庄地区的规划引导主要依赖乡镇级土地利用总体规划的指导,并没有法定的独立层面的村庄规划作为规划管理支撑。与城乡规划体系下的乡村地区规划众多类型、长期实践不同,土地利用规划体系下的村庄规划探索开展相对较晚。标志性文件是2017年国土资源部出台的《关于有序开展村土地利用规划编制工作的指导意见》(国土资规〔2017〕2号),强调农村土地利用和管理仍然面临建设布局散乱、用地粗放低效、公共设施缺乏等问题。而农村土地征收、集体经营性建设用地入市、宅基地制度改革试点、推进农村一二三产业融合发展以及社会主义新农村建设等工作,也对土地利用规划工作提出新的更高要求。因此,迫切需要通过编制村土地利用规划规范和引导村庄土地有序利用。根据土地利用规划编制分级传导的特点,村土地利用规划是对乡(镇)土地利用总体规划的细化安排,统筹合理安排农村各项土地利用活动,以适应新时期农业农村发展要求。随后在2017年9月又出台了《村土地利用规划编制技术导则》,鼓励地方积极开展村土地利用规划的试点工作。

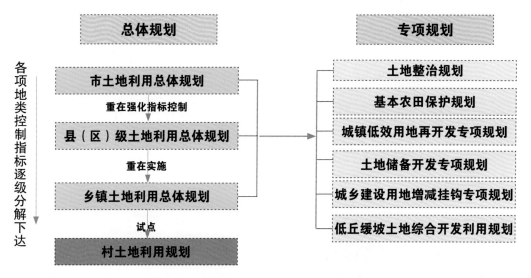

图5-12 土地利用规划体系下村土地利用规划
资料来源:作者自绘

村土地利用规划的定位是乡(镇)土地利用总体规划的重要组成部分,是落实土地用途管制的基本依据,属于详细型和实施型规划。村土地利用规划要以乡(镇)级土地利用规划为依据,在村域空间内统筹安排农业生产、生活、生态空间。

村土地利用规划的主要内容包括：根据村域自然经济、社会条件和村民意愿，综合研究确定土地利用目标，统筹安排经济发展、生态保护、耕地和永久基本农田保护、村庄建设、基础设施建设和公共设施建设、环境整治、文化传承等各项用地，制定实施计划。有条件的地方可进一步推进土地整治、风貌指引、建筑设施等任务。具体任务有以下几个方面：

● 统筹安排农村各类土地利用，优化用地结构与布局；

● 确定村庄建设用地布局和规模，加强村庄建设的引导和管控；

● 落实乡级规划确定的耕地和永久基本农田保护任务，明确耕地和永久基本农田保护面积与地块，加强耕地和永久基本农田保护；

● 确定生态用地布局和规模，加强生态用地保护；

● 保障农村公益性设施、基础设施合理用地需求。

通过村土地利用规划的主要内容可以看出，村土地利用规划作为乡规划的传导与落实，加强了全域全要素的用途管制，尤其强调耕地与永久基本农田保护是其核心任务与主要内容。

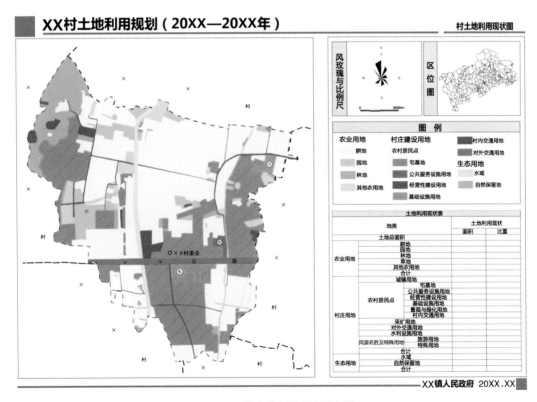

图5-13 村土地利用现状示意图

资料来源：村土地利用规划编制技术导则.

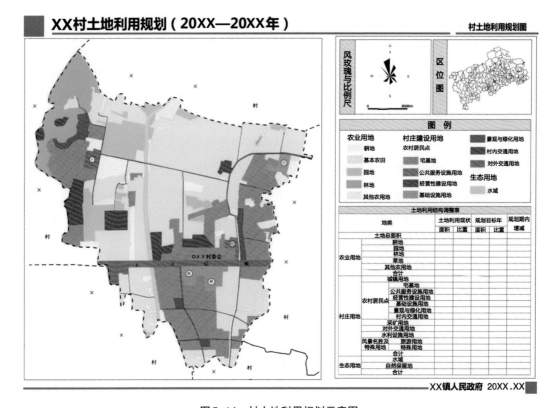

图5-14　村土地利用规划示意图

资料来源：村土地利用规划编制技术导则.

5.2　不同导向下村庄规划编制的优点与不足

5.2.1　原城乡规划体系下的村庄规划的优点与不足

1.原城乡规划体系下的村庄规划的优点与经验传承

根据上文对城乡规划体系下村庄规划导向与内容的梳理，村庄规划不仅是村庄内各类建设活动的重要指导和依据，对乡村地区整体风貌改善、民房质量提升、景观环境提升、市政设施建设、公共服务设施建设等工作起到了有效的指导作用。更为重要的是，在乡村建设项目、工程项目的驱动下，村庄规划成为乡村治理合

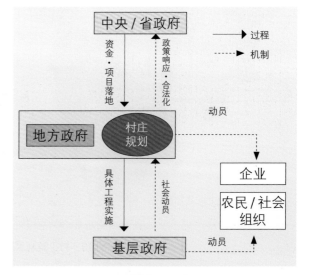

图5-15　村庄规划上下互动的治理机制

资料来源：作者自绘

法化和社会动员的一座桥梁,成为各方利益协调的重要平台,为乡村治理提供了一种可能[①]。从具体操作路径上,向上层面寻求认可,争取资金支持、争取项目落地。通过乡村规划的"包装"以及项目打包,向上寻求大规模进行乡村项目建设的认可,吸引不同条口资金按照规划投放。向下层面进行社会动员,通过规划前景的描述,规划方案的直观呈现,将当地农民、企业和社会组织等多元乡村治理主体吸收进来,共同谋划村庄长期发展,共享发展红利与成果。

具体而言,原城乡规划体系下的村庄规划还有以下经验值得在新时期村庄规划的编制中继承和发扬。一是强调产业策划与乡村产业振兴,有利于村庄发展活力的注入与发掘。二是强调以发展为导向,整合、挖掘村庄特色资源。三是强调村民参与,注重自下而上发展诉求的整合。四是强调人地关系对应,控制村庄建设用地的规模与强度。五是强调村庄公共服务设施与公用设施水平的提升。六是强调特色风貌的塑造和整体风貌的控制引导,有利于快速改变村庄面貌与形象。

2. 原城乡规划体系下的村庄规划的不足与困境

与以村庄建设为导向的村庄规划相对应的是,以政府为主导的美丽乡村建设行动吸引了大量的社会资本参与到乡建热潮之中。在资本更青睐于风景优美、生态优越、乡风浓郁的乡村地区的背景下,如果没有更加精细化、更高适应性的空间治理策略,急功近利、缺乏统筹的建设行为就难以避免。具体而言,这类村庄规划还面临着一些不足与困境,亟待在新的村庄规划体系中改进与优化。

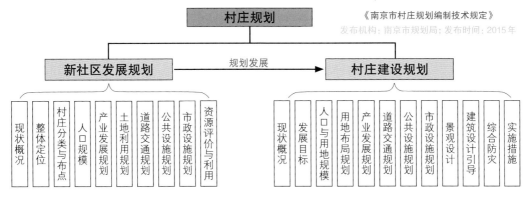

图5-16 原城乡规划体系下村庄规划主要内容
资料来源:作者自绘

一是重建设、轻管控。乡村地区的重建设、轻管控主要体现在两个层面:一是在城乡全域层面,无论是全市层面的城市总规、区县层面的分区总规,还是镇总规,其规划内容更多关注的是对集中建设地区建设行为的控制和引导,虽会涉及对乡村布局的规划引

---

① 申明锐. 乡村项目与规划驱动下的乡村治理——基于南京江宁的实证[J]. 城市规划,2015(10): 83-90.

导,但仍旧缺少针对村庄以外地区的政策分区和空间管控措施,往往将广大乡村地区作为"生态底图",忽略了其实际发展需求,同时也缺乏一整套具有弹性和可操作性的跟进措施。二是在乡村地区层面,从典型的村庄规划的文本、图纸及说明书目录可以看出,法定的村庄规划内容注重村庄的建设与开发,以及项目的落实与推进。而对自然生态资源的保育、重要农田地区的管控、传统乡村风貌的格局保护等内容关注不够;注重乡村居民的物质生活空间的改善及公共设施等的配给,对村民与农业生产之间的联系关注不足;注重对乡村居民需求的满足,对乡村地区孕育新经济,并为其提供发展可能性的考虑不多。如果没有面向全域的空间管控手段,乡村地区开发建设日益频繁的同时可能会对其带来空间的冲击,同时也会破坏原有的生态格局[1]。

二是重规划、轻统筹。乡村地区作为规划类型最多、各部门管理最交叉的地区,各层面、各部门的编制体系在此交叉严重,不同类型的用地管控身份也在此不断叠加,不仅有环保部门的生态红线、国土部门的永久基本农田和一般农用地等管控要求,还有风景名胜区、水源保护区、生态公益林与森林公园等各种政策分区的空间管理要求。可以说,包括规划部门在内的多个部门在乡村地区出于自身部门的职能要求,各自都编制了大量的规划,但由于缺少协调与统筹,这些规划在乡村地区的实际发展与建设过程中面临着实施困难。另外,在轻统筹方面,从乡村地区现有的实践看,规划与建设更多注重于单个自然村的打造,大多没有突破行政界线,未能实现"串点、连线、成片"的整体控制与引导,甚至还忽视了行政村域的整体统筹。在南京、成都等乡村规划及美丽乡村建设先发地区,虽然突破了行政界线,编制了美丽乡村片区规划,但是由于规划法定地位的不确定,难以成为实施及项目审批的依据。

三是重增量、轻减量。乡村发展不集约、建设用地粗放、人均村庄建设用地偏高是大城市乡村地区普遍面临的问题。根据2019年城乡建设统计公报数据,全国人均村庄建设用地达到188平方米。农村聚落分散低效的状况仍在延续,同时空间资源消耗过多,经济性也偏低。而由于旅游开发、民宿经济、创新创业等需求强烈,大城市乡村地区的建设用地与建设行为快速增长,由此城乡空间呈现出城市快速扩张而乡村并未"精明收缩"的特征。在新一轮城市总体规划的编制中,上海提出"规划建设用地负增长"的目标,北京也要求"实现城乡建设用地规模减量",通过建立以规划实施单元为基础,以政策集成为平台的增减挂钩实施机制,确定全市城乡建设用地的平均拆占比目标,同时实施经营性建设用地供应与减量挂钩的政策。

四是重图纸表达、轻数据库建设。在原来的城规体系下村庄规划更多侧重于单个农村居民点的村庄设计,因此图纸表达美观、可读性强,也有利于政府、村民、社会主体通过直观

① 汪毅、何淼.大城市乡村地区的空间管控策略[J].规划师,2018(9):117-121.

的图纸快速凝聚共识和表达各自利益诉求。但是图纸的精细化程度和系统性不足,由于更多关注于建设本身,在建设行为以外的空间和区域现状数据和规划数据的精细化程度都不够,更缺少全域性的数据库建设,数据也不够系统全面,这也会为精细化的管理带来困难。

5.2.2　原土地规划体系下的村庄规划的优点与反思

1.原土地规划体系下的村庄规划的优点与经验传承

村土地利用规划作为土地利用规划系列的探索,开展时间相对较晚,但是2017年出台的《村土地利用规划编制技术导则》除继续更加强调耕地与永久基本农田的保护,也开始注重向全域全要素的用途管制转变,关注建设空间的统筹安排与布局优化。在规划定位上,强调村土地利用规划是乡(镇)土地利用规划的重要组成部分,也是落实土地用途管制的基本依据,属于详细型和实施型规划。要以乡(镇)土地利用规划为依据,在村域空间内统筹安排农村生产、生活、生态空间。具体而言,原土地规划体系下的村庄规划还有以下经验值得在新时期村庄规划的编制中继承和发扬。一是耕地和永久基本农田的保护。村规划继承了土地规划中对于耕地高度关注和管控的理念,强调落实乡级规划确定的耕地和永久基本农田保护任务,明确耕地和永久基本农田保护面积与地块,耕地和永久基本农田保护实现了末端传导落实。二是开创性地提出了生态用地的保护。在统筹生产、生活、生态空间的理念下,在规划任务中确定生态用地的布局和规模,为详细规划层面加强生态用地保护以及明确生态用地管控规则奠定了基础。三是统筹各类建设空间的安排。不仅包括优化宅基地布局,还包括经营性建设用地安排,公共服务设施用地布局,道路交通、基础设施以及绿化用地的安排。

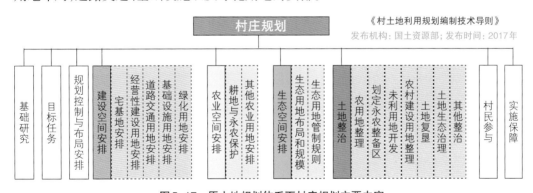

图5-17　原土地规划体系下村庄规划主要内容

资料来源:作者自绘

2.原土地规划体系下的村庄规划的不足与困境反思

不同于城乡规划体系下村庄规划的多元目标,土地规划体系下的村庄规划以土地用地管制为核心,围绕土地的用途转用展开,这一强调核心目标的规划编制方式,对于村庄全域土地用途的有效管控发挥了重要作用,但是从多规合一的角度,这种规划编制方式也存在一些需要修改和改进的地方,具体表现在以下几个方面。

　　一是重指标落实，轻发展统筹。虽然在《村土地利用规划编制技术导则》的目标任务中要求结合村域功能定位，综合确定经济发展、生态保护、耕地和永久基本农田保护、村庄建设、基础设施和公共设施建设、环境整治、文化传承等方面的需求与目标，但是由于受惯性思维的束缚，村土地利用规划更多还是强调对乡级规划各项指标，尤其是约束性指标的落实，而对村庄社会、经济、民生等发展需求与诉求缺少更多关注，对各类发展目标也缺少统筹谋划。

　　二是重全域，轻个体。村土地利用规划强调行政层级的逐级传导，因此规划编制内容上更加强调全域的概念，规划也是对整个行政村村域的全域全要素各类用地进行安排。行政村域的整体规划有利于各项分解目标的落实，但是相对应的是对于单个农村居民点规划的深度不足。即使提出了各项建设用地的安排，尤其是宅基地的安排，但是从规划深度上还是强调指标规模以及"一户一宅"、宅基地面积标准等规划标准的控制。而农村居民点作为农民集中生活的空间，也是广大农民需求与诉求最集中最多的区域，规划的深度与内容需要针对这些需求和诉求进行回应。

　　三是重规划管理，轻实用可读。从根本上而言，村庄规划的编制是服务于人。因此，规划成果要能吸引人、看得懂、记得住，能落地、好监督。以此为标准，村土地利用规划的规划成果强调数据库的建设完善，管控规则明确有效，有利于管理。但是规划内容与成果表达过于技术化，普通人员尤其是村民难以理解。

6.1　相关探索

6.1.1　北京：根据城市战略明确不同地区村庄规划策略

在国家层面明确村庄规划作为法定规划，是乡村地区详细规划，是实施国土空间用途管制特别是乡村建设规划许可的法定依据后，各地都相继开展了村庄规划编制的技术探索工作。北京作为最新一轮总体规划层面最早获得国务院审批的城市，村庄规划还承担着《北京城市总体规划（2016—2035年）》提出的功能疏解、生态保护、用地减量的发展目标，以及实施乡村振兴战略，促进优质资源向乡村流动，促进村庄地区生态环境保护、资源集约和统筹利用，全面提升农村人居环境，充分挖潜村庄特色，激发村庄活力，有效促进首都村庄健康和可持续发展的重要任务。北京市在2019年对原《北京市村庄规划导则》进行了修订，明确了村庄规划编制的相关技术要求。尤其是针对全市3 000多个村庄类型、发展要求各异的特点，采取分区、因地制宜的规划引导策略，针对不同类型和需求的村庄，提出有针对性、各有侧重的规划内容与成果要求。

一是在村庄分区引导方面，集中建设区内的村庄稳步推进城镇化，同步优化环境品质，提高公共服务、交通和市政基础设施建设标准。建设区内的村庄要严格控制城乡建设用地规模。村庄整治、更新应以集体产业用地腾退、整理、集约优化布局为重点，有序推进集体建设用地减量，腾退后的用地优先还绿，增加生态功能，并同步实施。同时鼓励集约后的集体建设用地向集中建设区、有条件建设区集中布局，加强与城市功能衔接，促进产业升级，实现城乡联动。生态控制区内的村庄要统筹村庄长远发展与农民增收问题，村庄的发展建设要坚持生态保育的大原则，通过整治村容村貌、提升环境品质、完善配套设施、发展宜农宜绿产业、挖潜村庄特色、加强村庄治理，建设自然和谐相融的美丽乡村。

6 新背景下的村庄规划编制的要求

二是在村庄分类方面,综合分析村庄发展的主要影响因素,包括城乡统筹、生态要素、安居要素、历史文化要素等。将全市的行政村划分为城镇集建型、整体搬迁型、特色提升型、整治完善型四类。城镇集建型村庄以增减挂钩、减量提质为原则,在城市集中建设区内实施集中安置,允许保留原形态。整体搬迁型村庄要从自身实施条件出发,结合近远期实施的可能性,制定防灾减灾策略及搬迁计划。特色提升型村庄要以"严格保护、永续利用"为原则,加强历史文化、传统风貌的保护延续和村庄整体风貌引导。整治完善型村庄积极开展集体产业用地整理、鼓励村庄原地微循环整理、落实推动村庄集并和局部整治的要求。

三是在规划内容方面,北京提出要加强规划内容的弹性引导,针对不同村庄的发展需求、面临的不同问题,村庄的规划内容可以有所侧重,突出针对性和实用性。针对环境整治类的村庄,编制规划简本,重点围绕村庄危房改造、防灾减灾、生态保护、环境整治、设施改善等问题。针对有条件和有发展需求的村庄,结合村庄用地整理、布局优化、特色产业引导、历史文化保护等重点问题编制村庄规划完整本。具体而言,完整的村庄规划包括以下几方面的内容:(1)村庄发展现状分析;(2)上位及相关规划要求;(3)已有规划的实施评估;(4)规划目标与定位;(5)划定村庄发展的空间管控范围,包括村庄建设用地控制线、基本农田控制线等;(6)村庄的规模与减量发展策略;(7)村庄布局、形态控制;(8)村庄配套设施;(9)产业发展引导;(10)历史文化资源保护;(11)生态环境保护;(12)防灾减灾;(13)其他需要列入规划的相关内容。

从北京出台的2019年版《北京市村庄规划导则》的修订来看,主要是基于城乡规划体系下对村庄规划内容等进行的修订,因此更多关注在自然村居民点,全域全要素管制的相关要求可以进一步加强;另外,针对村庄规划作为乡村建设行为的审批依据的要求,《导则》体现相对较少。

6.1.2 上海:突出城市总体规划意图传导的郊野单元规划

上海早在2012年就针对乡村地区管控不足的问题开展了郊野单元规划的探索,经过将近10年的探索,根据不同的时代背景与总体要求,郊野单元规划的内涵与作用也发生了进化与演变,可以总结为三个阶段三个版本的演变。

第一阶段是以镇级土地整治规划为主要内容的郊野单元规划1.0版本。这一时期主要是2012年底到2015年6月。其间,2014年3月《上海市郊野单元规划编制导则》1.0版本的下发是重要标志性事件。这一时间段的郊野单元规划是以土地整治为综合平台,以增减挂钩为政策工具,主要包括农用地整治、建设用地整治和专项规划整治三项内容。这个时期的郊野单元规划有诸多的创新性。如率先提出在乡村地区实行全覆盖、网格化单元管理的思路;尝试搭建乡村地区空间规划体系,构建边界外四级土地整治规划体系;创新规划空间奖励机制,保障镇乡土地发展权;等等。在创新空间奖励机制方面,实施低效建设用地减量化是上海郊野单元规划1.0版本的主要任务,并形成了"拆三还一"的类集建区规划空间奖励机制、建设用地增减挂钩的指标和资金叠加、年度建设用地减量化计划与土地出让计划、新增建设用地计划联动考核管理机制。

第二阶段是以镇级镇域开发边界外专项规划为主要内容的郊野单元规划的2.0版本。这一时期主要是2015年6月到2018年2月。其间,2016年10月《上海市郊野单元规划编制导则》2.0版本的下发是重要标志性事件。2.0版本的郊野单元规划主要编制任务是承接上位规划要求,明确近期目标;强化空间布局,细化近期落地,实行单元图则管理。伴随着2035总体规划的编制完成,郊野单元规划充分衔接"2035总规"新要求,确定了一套完整的成果形式;并首次使用单元图则管理,落实建设空间、农业空间和生态空间的管控要求;细化镇村建设用地管制分区,沿用空间奖励机制。特别要说明的是,郊野单元的单元图则管理为郊野地区更加精细化管理奠定了基础。

第三阶段是以开发边界乡村地区详细规划为主要内容的郊野单元规划的3.0版本。这一时期主要是2018年2月至今。其间,2018年11月的《上海市郊野单元规划编制导则》3.0版本的下发是重要标志性事件。3.0版本的郊野单元规划承担和落实了村庄规划的相关目标任务与规划要求。主要内容包括加强现状摸排,策划产业振兴路径;强化全域全地类统筹布局;加强近期行动安排;制定单元图则,为建设行为提供依据。同时,完善乡村国土空间规划体系和实施管理,系统解决规划编制、调整、用途管制和项目建设问题;合并编制镇村与国土空间规划,下放审批权,完善实施主体体系;进一步认知乡村产权制度,完善全域空间管制机制,分区分类实施用途管制。

纵观上海郊野单元规划的进化与演变过程,有三条核心的经验值得参考借鉴。一是构建了"村庄布局规划(总体规划层次)—郊野单元(村庄)规划(详细规划层次)—村庄规划设计(项目实施层次)"三级乡村国土空间规划体系,解决乡村地区的重点民生专项、全域综合管制、项目规划许可和用地审批问题。总体规划层次的村庄布局规划是区、镇国土空间总体规划的专项规划。重点内容包括对现状底数进行摸排调查;梳理农户进城集中安置、农村集中归并安置、原址保留的相应规模;按照标准测算空间需求;落实空间布局。可以看出,总体层面的村庄布局规划是指导乡村地区详细规划编制的主要依据。详细规划层次的郊野单元(村庄)规划是城市开发边界外乡村地区的详细规划,是镇域、村域层面实现"多规合一"的规划,是开展乡村地区国土空间开发保护活动、实施国土空间用途管制、核发乡村建设规划许可的法定依据;该层次的规划通过单元图则实施用途管制,为开发建设提供法定依据;通过规划成果入库平台发挥边界外全域统筹、全地类建设管控的行动监测平台作用。项目实施层次的村庄规划设计以村落或重点项目区为编制范围,是对乡村建设和非建设空间的详细设计,是对拆旧和建新空间的统筹平衡,是衔接乡村国土空间规划编制和实施的重要环节。二是取消空间奖励,探索乡村规划弹性适应和动态管控机制,实行图则分类表达。取消空间规划奖励的背景与原因有几个方面,郊野单元(村庄)规划3.0版是属于详细层次的、与现有及潜在土地权利人博弈的权益规划;在建设用地天花板锁定、全域统筹的前提下,不再需要统一的"拆几还几"政策;需要通过结合镇村实际需求以用定减、以减定增,更多地关注农民、集体经济组织等的权益保障和优质项目的实施落地。三是图则管理发生了变化,从以往的只关注与地块本身的城市控制性详细规划的表达方式,转变为全域全地类分区分类的用途管理。郊野单元3.0版本的图则管理以行政村为单元,进行图则管理。重点明确规划期内建设用地减量化、规划建设用地控制指标、基本农田保护、设施农用地布局、生态建设要求和风貌保护与引导策略、村庄分类管控要求,并说明单元内公共服务与基础设施配置、改造、新建和撤并的情况。其中在规划建设用地的相关管控里,进一步明确了地块的用地性质、用地面积、容积率、建筑高度等内容。另外,3.0版本的图则以项目实施引导规划调整,应对乡村地区项目的不确定性,保持规划的弹性适应。将项目分为完整落图与部分落图两类。规划期间比较明确的项目(如公益类、设施类项目)可完整落图,作为项目建设审批依据。对于未明确或后续可能变动较大的项目(如农民相对集中居住点、经营性用地等),可采用部分落图方式。部分落图又可以进一步分为"选址框"落图、"规模框"落图和未落图指标三类。待有实际建设需求时,通过编制郊野单元(村庄)规划调整方案,以增补图则的形式进行落地;或通过编制村庄规划设计(乡村项目实施方案),将建设工程设计方案与规划调整方案的编制内容、程序合并,同步完成规划调整、方案设计、行政审批事项,以图则更新的形式进行落地。

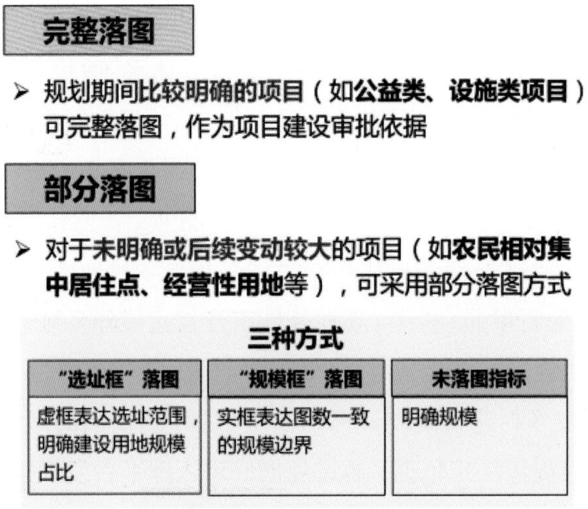

图6-1 上海郊野单元图则以项目实施引导规划调整
资料来源:上海郊野单元导则.

郊野单元规划创立前			郊野单元规划 1.0 版创立			郊野单元规划 2.0 版创立		郊野单元规划 3.0 版创立	
城乡规划	土地利用规划	土规重点专项—土地整治规划	城乡规划	土地利用规划	土规重点专项—土地整治规划	"两规合一"空间规划	土地整治规划	"多规合一"国土空间规划	总归重点专项—村庄布局规划

总体

	城乡规划	土地利用规划	土地整治	城乡规划	土地利用规划	土地整治	"两规合一"	土地整治	"多规合一"	村庄布局
总体	上海市城市总体规划	上海市土地利用总体规划	上海市土地整治规划	上海市城市总体规划	上海市土地利用总体规划	上海市土地整治规划	上海市城市总体规划和土地利用总体规划	上海市土地整治规划	上海市城市总体规划和土地利用总体规划（省级国土空间规划）	全市村庄布局汇总
分区	郊区县总体规划	郊区县土地利用总体规划	区级土地整治规划	郊区县总体规划	郊区县土地利用总体规划	区级土地整治规划	浦东新区和郊区各区总体规划暨土地利用总体规划	区级土地整治规划	浦东新区和郊区各区总体规划暨土地利用总体规划（市县级国土空间规划）	区级村庄布局规划
单元	新市镇总体规划	镇乡土地利用总体规划		郊区县总体规划	镇乡土地利用总体规划		浦东新区和郊区新市镇总体规划暨土地利用总体规划		浦东新区和郊区新市镇总体规划暨土地利用总体规划（乡镇级国土空间规划）	镇级村庄布局规划

详细

详细	村庄规划		土地整治项目可研	村庄规划		郊野单元规划 / 郊野单元规划实施方案（类集建区控规）	村庄规划	郊野单元规划 / 有条件建设区控规	郊野单元（村庄）规划	

实施 / 项目管理 / 项目实施

实施	项目许可	用地预审、农转用审批		项目许可	用地预审、农转用审批	土地整治项目可研	项目许可	用地预审、农转用审批 / 土地整治项目可研	村庄规划设计（乡村项目实施方案）【工程方案设计与项目许可、用地预审、农转用审批同步进行】	

图6-2 不同时期上海郊野单元规划的技术定位

资料来源：杨秋惠.镇村域国土空间规划的单元式编制与管理——上海市郊野单元规划的发展与探索[J].上海城市规划,2019(3): 27.

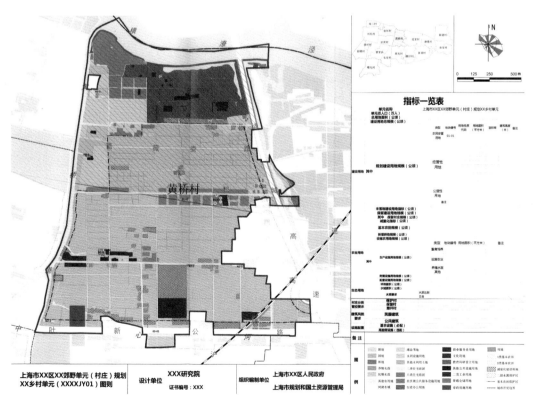

图6-3 上海郊野单元3.0版本图则管理的主要内容

资料来源：上海郊野单元导则.

6.1.3 江苏：村庄分类发展策略指导下的差异化村庄整治规划

作为城镇化的先行地区和经济的先发地区，江苏提前面临了城乡发展不平衡的难题，也在全国率先探索乡村建设发展的可行路径。

从2005年起，江苏省在全国率先推行城乡规划全覆盖，全面调控、优化城乡发展空间，为城乡经济社会发展一体化提供保障。2005年，针对全省村庄人多地少、现状布局小而散乱、公共服务水平有待提升、乡村特色有待进一步彰显的省情，开展了第一轮江苏省镇村布局规划，将25万多个自然村规划调整为4.2万多个规划布点村庄，在全国率先实现规划布点村庄规划全覆盖。其中，重点编制近5 000个"三类村庄"（规模较大、历史文化遗存丰厚、地形地貌复杂）规划。

2011年，江苏省为全面提升城乡建设水平，大力推动城乡人居环境改善，开展江苏美好城乡建设行动。其中，村庄环境整治行动是江苏美好城乡建设行动的核心内容之一。江苏强调以镇村布局规划为引领实施分类整治、渐进改善，首先要求以市县为单元，区别规划发展村庄和一般自然村。规划发展村则要求在整治的同时提高基本公共服务水平，吸引农民自愿集中居住，其中，提升"重点村"公共服务水平，吸引农民适度集中居住，建设"康居村庄"；塑造"特色村"乡村特色风貌，培育"美丽村庄"；整治"一般村"环境面貌，达到"整洁村庄"标准。至2015年，全省共完成18.9万个自然村庄的环境整治任务，建成1 000多个省级三星级康居乡村。

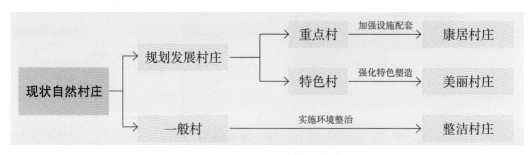

图6-4 江苏村庄环境整治行动中的村庄分类
资料来源：作者自绘

2016年，江苏省在巩固"十二五"村庄环境整治成果基础上，实施村庄环境改善提升行动计划，行动目标为持续提升农村人居环境、彰显提升乡村特色风貌、全面提升公共服务水平、巩固提升长效管护水平以及放大提升环境改善效应。主要规划任务是提升村庄规划设计水平、打造美丽宜居乡村、推动乡村生态环境持续改善以及发挥村庄环境改善提升的综合效应，尤其是更加关注传统村落保护与美丽乡村建设。同时，在此期间启动了新一轮的镇村布局规划的优化工作，在村庄分类上分为重点村、特色村与一般村。

2017年，江苏省在良好的村庄环境整治及改善提升行动的基础上，响应国家美丽乡村建设的战略，进一步推进了特色田园乡村建设行动，旨在进一步优化山水、田园、村落等要素,建成"生态优、村庄美、产业特、农民富、集体强、乡风好"的江苏乡村振兴现实模样。需要特别强调的是,与传统的村庄环境整治、美丽乡村建设以自然村的建成空间为规划对象不同,这一次的特色田园乡村的规划强调将自然村及周边田园、山水环境作为整体统一纳入规划范围,体现了一定程度的全域及整体统筹的思维。在规划要求上进一步强调,以渐进改善、多元参与的方式,营造立足乡土社会、富有地域特色、承载田园乡愁、体现现代文明的当代田园乡村,保护乡村聚落与生态环境相融共生的和谐关系,保护乡村传统肌理与乡土文化特色,保护乡村社会价值体系和集体情感记忆。

面对国家层面对于村庄规划的新定位与新要求,指导"多规合一"的实用性村庄规划编制,加强乡村地区规划管理,根据国家相关法律法规、政策文件及规范标准的要求,江苏在2019年启动了新一轮的镇村布局规划的优化工作。与2014版的村庄分类相比,分为重点村、特色村与一般村。2019年版的村庄分类结合国家对村庄分类的要求,同时对接2014年版的村庄规划,将其分为集聚提升村庄、城郊融合类村庄、特色保护类村庄、搬迁拆并类村庄与其他一般村庄。同时结合江苏实际,2020年江苏省发布《江苏省村庄规划编制技术指南》。《指南》中明确了"多规合一"的实用性村庄规划的编制主要包括以下内容:落实上级国土空间规划(包括现行各类城乡规划、土地利用总体规划等)和相关部门对乡村发展的要求,根据村庄分类和国土空间开发保护、居民点建设、乡村治理等的实际需要,因地制宜明确村庄发展目标、土地利用优化布局、耕地和永久基本农田保护、国土空间综合整治和生态修复、产业发展布局、农村居民点规划设计、历史文化保护与传承、公共服务设施和公用设施布局、近期实施计划等规划内容。

江苏省的村庄规划技术指南有以下方面值得借鉴。一是细化用途管制规则。即将村域划分为农业空间(永久基本农田保护区、一般农业区、林业发展区)、生态空间(生态保护红线、一般生态功能区)和建设空间,在此基础上制定相应的村庄规划用途管制规则,引导各类土地合理保护和开发利用。二是实施规划"留白"管控。对一时难以明确具体用途的建设用地,可采取"留白"处理,暂不确定具体规划用地性质。机动指标可不在规划图中表达具体的边界,但应在规划指标表中体现,建设项目规划审批时落地机动指标、明确规划用地性质,项目批准后更新数据库并纳入国土空间规划"一张图"系统。鼓励下级自然资源主管部门统筹制定机动指标使用规则或项目清单,供所有村庄共同遵守执行。三是统筹行政村全域与农村居民点规划。对于近期有建设需求的村庄,可参照修建性详细规划的有关要求,在符合村庄用地布局规划和用途管制规则的基础上,编制农村居民点规划设计方案。

6.1.4　南京:实现大都市近郊复合乡村功能规划探索

2019年,南京全市常住人口850万人,城镇化率83.2%,城镇人口707万人,乡村人口143万人。从发展历程看,随着全市城镇化水平的不断上升,乡村人口数量、涉农街镇数量以及村庄数量均有序减少。全市城镇化水平由2007年76.8%上升到2019年83.2%，年均提升0.53个百分点；全市乡村人口从2007年的172万人减少到2019年的143万人；全市涉农街镇由2005年的87个减少到2019年的49个；全市村庄数量由2005年行政村673个、自然村8 670个，减少到2019年的行政村545个、自然村7 237个。南京市作为东部发达地区江苏省的省会，经济总量位居全国特大城市的前列，乡村地区的功能和村庄发展的特点不同于一般农村地区，在乡村规划体系和村庄发展规划引导方面具有自身的特色。

1. 以村庄分类规划引导为手段，优化乡村空间布局

长期以来，南京顺应村庄发展规律和演变趋势，根据村庄的现状特征、区位特征、资源禀赋等，建立了2013年村庄布点规划、2015年镇村布局规划、2020年镇村布局规划。2013年，南京市委、市政府针对群众路线教育实践活动中集中反映的农村地区建设突出问题，明确要求涉农区以区为单位编制村庄布点规划。市规划主管部门会同6个涉农区组织编制了村庄布点规划。规划明确了各区规划布点村的数量、人口和用地规模、公共服务配套要求和空间布局等内容，提出了一定时期内村庄建设类型和实施管理对策，为村庄建设和农民建房提供了规划引导。全市共2 066个村庄（不含栖霞区，含栖霞区2 103个）。2014年底江苏省政府办公厅下发《关于加快优化镇村布局的指导意见》，要求各地在"统筹城乡、尊重规律；多规融合、相互协调；因地制宜、分类指导；注重服务、完善设施"的原则下，编制全市镇村布局规划。南京市在村庄布点规划基础上，于2015年组织开展全市镇村布局规划优化工作，明确了全市规划发展村庄967个，其中重点村708个，特色村106个，重点特色村153个；一般村6 884个。相较于村庄布点规划，镇村布局规划主要是按照全省统一要求优化调整了村庄分

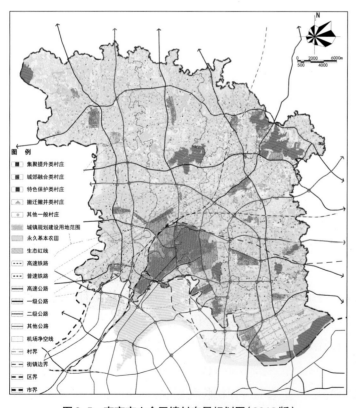

图6-5 南京市六合区镇村布局规划图（2019版）

资料来源：南京市规划和自然资源局六合分局.六合区镇村布局规划（2019版）[R].2021.

类,并进一步挖掘乡村特色资源,适当增加了特色村的数量。总体上将规划布点村中的重点村、特色村作为规划发展村,规划布点村中的一般村和非规划布点村归入镇村布局规划的一般村。2019年根据国家乡村振兴的要求对全市的村庄分类进行了优化调整:遵循城镇化发展规律,促进城乡融合发展;加强规划协调和规模管控,促进农村建设用地减量化。根据规划,全市行政村共545个,自然村共7 237个,其中集聚提升类村庄占比约11%,特色保护类村庄占比约7%,城郊融合类村庄占比约1%,其他一般村庄占比约50%,搬迁撤并类村庄占比约31%。

2. 以村庄规划指导下的控规图则编制方式,引导乡村休闲功能设施落地

与典型的农业生产地区的乡村发展不同,南京的乡村具有紧邻着大城市周边的突出特点,2019年南京的城镇化水平已经达到83.2%,步入城镇化后期阶段,乡村地区面临不可避免的城市化和现代化进程,城乡要素的双向流动更为频繁,在乡村地区既有消费的需求,也有城市化的动力。长期以来,南京着力推动农业农村现代化,大力推进乡村一二三产融合,加快构建都市型现代农业产业体系。以农业生产为基础,农产品加工业、乡村旅游业、农村服务业快速发展,农业与科技融合的生物产业、农业与旅游业融合的休闲产业、农业与生态融合的健康养老产业等新业态不断崛起。具体而言,南京大城市周边的乡村发展实践根据运作主体的不同可以分为四种类型:一是国资平台主导下传统景区功能拓展模式。主要是依托传统景区管委会为主体的专项,乡村功能的植入成为景区业态功能进化和拓展的重要补充。如六合的金牛湖、浦口的老山、江宁的银杏湖等都是从传统观光旅游向旅游度假区拓展的代表。二是国资平台与社会资本合作模式。通过资本合作,引入新的人群和功能。如溧水区政府和溧水文旅集团利用存在空置房屋开展"空屋计划",收购空置住宅改造,围绕美丽乡村的建设目标,推进体验型、文化型、休闲型项目升级,提升项目区域产业发展层次,丰富村落艺术人文内涵,形成溧水区旅游文化新名片。又如江宁区依托美丽乡村建设,开展"乡村创客计划",吸引创客来村打造多元乡村文化旅游产品,同时引导农户开设店铺,实现农民增收。三是合作社主导模式。以村集体为主体,企业与村集体成立合作社,共同主导项目的建设与运营。如高淳的螃蟹专业合作社以及农家乐专业合作社,村集体牵头成立专业合作社,并出现了职业经理人。又如溧水区白马镇的李巷村以红色旅游为特色带动乡村发展,打造红色教育基地。四是农业综合体模式。借助南京优越的农业科教与科技资源,推动一二三产融合,实现了从农科园向田园综合体的转变。如溧水区的傅家边、高淳区的武家嘴,通过与高校院所及村民合作,拓展农业功能,植入多样活动,发展休闲农业、科技农业。正是基于以上的多元实践,南京的乡村尤其是近郊的乡村实现了村容村貌明显改善、农村集体明显增收、农民观念明显转变以及多元经济明显提效。当前乡村建设用地主要包括三个方面,分别为宅基地、配套设施和产业用地。由于位于大城市周边地区,乡村地区发展迅速,其良好的

自然环境、优越的交通条件和更低的投资成本使村庄建设用地需求不断增加,其中既有宅基地的增加、配套设施的完善,还有产业项目的引进。大量新增建设用地需求与建设用地指标的紧缩之间的矛盾凸显。上述四种类型尤其是前三种类型,需要国有和社会资本投入,但资本的投入需要转变为企业的资产和滚动发展的基础,在目前的土地管理和管制制度以及金融政策下,这些资本都希望将集体土地征用转为国有建设用地便于企业资产增值和后续的滚动发展,为此,南京市针对这些设施基本采取的规划管理方式是在村庄规划明确的发展定位、项目策划、设施用地布局基础上,对这些拟需要建设用地采用类似于城市地区编制控制性详细规划的方式编制地块管理图则,通过论证、公示等必备程序后,采用类似于城市地区控制性详细规划的审批程序报市政府审批,在获得相应的新增建设用地指标后,对这些设施涉及的农用地或集体建设用地实施征用并转为国有建设用地。在村庄规划指导下,针对特定类型功能的点状设施采用编制控规图则的方式,在土地管理上采用征用并转为国有建设用地的途径,也不失为新的国土空间规划体系下村庄规划实现对全域用途管控的一种有效形式,也可以为新的作为详细规划定位的村庄规划的编制内容体系和图则编制控制体系提供有益的借鉴。

3. 以点串线成片,持续改善村庄人居环境

南京市根据2013年《南京市美丽乡村建设实施纲要》,持续推进美丽乡村宜居村建设,按照农村基本公共服务设施配套指引,突出优化村庄发展环境、公共设施配套的完善等方面,制定相应的宜居村庄环境整治规划。在美丽乡村点的基础上,江宁、浦口、六合、溧水、高淳等五区开展美丽乡村示范区建设。美丽乡村片区规划是以城乡统筹一体发展为主线,以提升农民生活品质为核心,结合区域特色和形象定位,突出美丽乡村"以点串线带面",将美丽乡村建设项目适度集中,有针对、有重点、有步骤地形成风貌展示带、展示片,确保"做一片,成一片",集中展示南京美丽乡村的主要特色风貌。目前,已完成全市11片美丽乡村片区规划编制工作,规划总面积共3 900平方公里(接近市域面积的三分之二),基本实现市域美丽乡村片区规划全覆盖。在美丽乡村片区规划的指导下,通过多年不断的努力,结合年度美丽乡村、示范村建设需要,以区为行政单元,每年组织编制美丽乡村规划,通过论证审查后指导村庄的各项建设整治,经过近10年的建设,南京市规划保留村基本完成了规划编制和建设整治工作,共建成各类示范村862个,20多个村获评中国最美乡村、中国最美田园,美丽宜居乡村建设达标率100%,有效带动了农民致富、农村人居环境改善和乡村振兴,其中诸多美丽乡村成为南京市旅游休闲重要景点、带动周边农民富裕的产业载体。同时,南京特别注重乡村特色资源的梳理挖掘和彰显利用,强化特色的保护与规划。2017年按照《江苏省特色田园乡村建设试点方案》,建设美丽乡村、宜居乡村、活力乡村,展现"生态优、村庄美、产业特、农民富、集体强、乡风好"的江苏特色田园乡村现实模样的要求,全市开展了特色田园乡村建设。同时,南京市作为首

批历史文化名城,根据南京历史文化名城保护规划中确定的历史文化名镇(淳溪镇、湖熟镇、竹镇)、历史文化名村(杨柳村、漆桥村)名录,编制了相应的保护规划,在规划引导和支撑下,高淳淳溪镇被评为国家级历史文化名镇,江宁杨柳村和高淳漆桥村被评为国家级历史文化名村。此外,名城保护规划中还确定了东坝镇等3个重要古镇和诸家村等7个重要古村,以及固城镇等6个一般古镇和东王村等3个一般古村。各类规划均关注历史资源的挖掘保护,有效引导历史古镇、古村和传统村落的风貌塑造与村庄建设。

在农民住房设计建设方面,为改善农民居住环境,突出农村建筑特色,2016年起,南京市进行了农民住房户型指导性方案评选,经专家、部门评选论证以及村民意见征询,甄选出31套户型方案形成《南京市农民住房户型指导性方案设计图集》并发布使用。同时为配合《南京市农民住房户型指导性方案设计图集》使用,还编制完成了《南京市农民住房设计导则》,从村庄环境、建筑风貌、建筑单体、建筑构件等方面提出了设计引导。

4.加强村域全域用途管控,出台村庄规划实施细则

为更好地贯彻落实国家和省关于村庄规划编制的相关要求,南京市根据自身的实际,对《江苏省村庄规划编制指南(试行)(2020年版)》的部分内容进行细化、补充,制定《南京市关于〈江苏省村庄规划编制指南(试行)(2020年版)〉的执行细则》。南京市的细则有以下几方面值得借鉴:一是整合各类特殊管控范围,强化村域全域管控与管理。为落实与表达各部门对于国土空间管制的要求,便于规划管理,确保空间有序开发,完善国土空间管控体系,在《江苏省村庄规划编制指南》农业空间、生态空间与建设空间三类空间管控基础之上,对以下特殊地区需要提出更有针对性的管控要求,包括省级生态空间管控区、永久基本农田储备区、村庄发展边界、(村庄)建设控制区、重大基础设施及廊道控制范围、重要水域保护区、其他特殊管控范围。二是强化建设用地的差异化引导管控。村庄规划应当对村庄建设用地以及建设工程提出引导和控制。依据乡村不同项目审批管理情形、分类简化审批手续的要求,对不同类型村庄建设用地的使用差异化进行导控。集体经营性建设用地入市前应明确地块的土地利用和规划条件,对地块位置、用地性质、开发强度(建筑密度、建筑控制高度、容积率、绿地率等)等控制指标进行明确,同时应明确交通出入口方位、停车场泊位及其他需要配置的乡村地区基础设施和公共设施控制指标等。农民集体建房按照集体经营性建设用地管理。小型公共服务设施、基础设施项目、村民住宅项目等的审批管理可按相关政策简化。三是细化对集体经营性建设用地的管控。集体经营性建设用地的指标属预期性指标,规模原则上按农村不动产权籍调查确定的集体经营性建设用地现状进行控制。农民自愿依法有偿退出的闲置宅基地、废弃的集体公益性建设用地经区政府同意可以转变为集体经营性建设用地入市。规划中只对存量集体经营性建设用地进行引导,经区政府研究通过方可规划新增集体经营性建设用地。有集体经营性建设用地复垦、等量异地安排的,不视为新增集体经营性建设

用地。各类集体经营性建设用地规划阶段可不明确具体用地性质,在建设项目规划审批时,根据实际用途明确规划条件,并反馈至省、市国土空间规划"一张图"系统。

6.2 新背景下村庄规划技术定位

《关于建立国土空间规划体系并监督实施的若干意见》的出台,标志着规划类型多样、内容重叠冲突的"多规矛盾"的时代结束,走向全国统一、责权清晰、科学高效的国土空间规划时代。根据《意见》的顶层设计和总体框架,将建立"五级三类"的国土空间规划体系。其中,村庄规划不仅明确了法定规划的定位,更属于"三类"中的详细规划层次,是开展国土空间开发保护活动、实施国土空间用途管制、核发乡村建设项目规划许可、进行各项建设的法定依据。

图6-6 国土空间规划体系总体框架
资料来源:作者自绘

在新时代背景下,乡村发展的多样性、差异化、动态性,以及乡村治理问题的复杂性、长期性,对规划工作构成了很大的挑战[1]。在新的语境下,村庄规划被赋予了更高的历史使命与责任。村庄规划是实现多规合一和全域全要素用途管制的基层单元,也是耕地保护、生态保护等要求在空间上落实的最小单元[2]。从国家层面的要求来看,新的要求继承与发扬了传统城乡规划体系与土地规划体系的优点,同时也规避了之前各自的一些"短板",总结为"七个更加强调",即更加强调行政单元的全域管控、更加强调全要素管控、更加强调作为"法定依据"的属性和实用性、更加强调"多规合一"、更加强调约束性目

① 陈小卉,闾海.国土空间规划体系建构下乡村空间规划探索——以江苏为例[J].城市规划学刊,2021
(1):76.
② 同上注。

标的落实、更加强调国土空间用途管制、更加强调近期行动计划与国土空间综合整治的衔接。具体而言：

一是更加强调行政单元的全域管控。新时期的村庄规划需要顺应土地规划按行政区层级传导的特征，加强行政单元全域的整体规划与总体统筹。以行政区为单元落实各项指标与规划举措，这也有利于规划本身的实施监督评估与规划调整修改再实施。

二是更加强调全要素管控。立足于山水林田湖草生命共同体的理念，新时期村庄规划用途管制的内涵需要在国土空间的系统性与整体性方面进一步深化。因此，用途管制不仅局限于以城镇建设用地为重点的开发控制，也不局限于以基本农田保护为主的耕地保护，而是扩展到全域全类型全要素的国土空间。

三是更加强调作为"法定依据"的属性和实用性。《关于建立国土空间规划体系并监督实施的若干意见》的出台标志着村庄规划法定地位的进一步确立。村庄规划编制的技术要求一方面要能够满足"开展国土空间开发保护活动、实施国土空间用途管制、核发乡村建设项目规划许可、进行各项建设的法定依据"的规划定位与目标。另一方面，还要求加强实用性，村庄规划要达到实用效果，成果必须要吸引人、看得懂、记得住、能落地、好监督。

四是更加强调"多规合一"。新语境下的村庄规划要整合村土地利用规划、村庄建设规划等乡村规划，实现土地利用规划、城乡规划等有机融合，编制"多规合一"的实用性村庄规划。

	城乡规划体系中的村庄规划		村土地利用规划	国土空间体系中的村庄规划	主要变化"7个更加强调"
编制范围	行政村(新社区)	居民点(规划布点村)	一个行政村或几个行政村	一个行政村或几个行政村	1. 更加强调行政单元"村域"的全域掌控
规划对象	建设用地		村域全部土地	村域国土空间	2. 更加强调全要素管控
规划定位	在村庄布点规划、美丽乡村(示范区)规划、镇(街)总体规划等指导下，对村庄建设进行的具体安排		是乡(镇)土地利用总体规划的重要组成部分，是落实土地用途管制的基本依据，属于详细型和实施型规划	属于法定规划、详细规划是开展国土空间开发保护活动、实施国土空间用途管制、核发乡村建设项目规划许可、进行各项建设的法定依据	3. 更加强调作为"法定依据"的属性和实用性
相关规划链接	村庄规划衔接村庄土地利用规划等相关规划，开展"两规"衔接的试点		由上往下指标分解与传导	整合村庄规划、村庄建设规划、村庄土地利用规划、土地整治规划为一个规划	4. 更加强调"多规合一"
编制内容	1. 概况 2. 定位 3. 规划布点村庄的人口和用地规模 4. 土地利用规划 5. 产业布局 6. 公共服务和市政基础设施布局 7. 道路交通组织引导 8. 资源评价与利用	1. 现状 2. 发展目标 3. 人口与用地规模 4. 用地布局 5. 道路交通 6. 公共服务设施 7. 市政基础设施 8. 竖向规划 9. 景观规划与建筑设计指引 10. 综合防灾 11. 实施措施	1. 基础研究 2. 目标任务 3. 规模控制与布局安排 4. 建筑空间安排 5. 农业空间安排 6. 生态空间安排 7. 土地整治 8. 村民参与 9. 实施保障	"8个统筹1个明确" 1. 统筹村庄发展目标 2. 统筹生态保护修复(落实生态保护红线、统筹山水林田湖草系统修复) 3. 统筹耕地和永久基本农田保护(落实永久基本农田、耕地数量、质量，生态"三位一体"保护) 4. 统筹历史文化传承与保护 5. 统筹基础设施和公共服务设施布局 6. 统筹产业发展布局 7. 统筹农村住房布局 8. 统筹村庄安全和防灾减灾 9. 明确规划近期实施项目	5. 更加强调约束性目标的落实 6. 更加强调全域用途管制 　· 更加强调建设总量控制 　· 更加强调生态保护，落实生态保护红线与山水林田湖保护格局 　· 更加强调耕地和永久基本农田保护要求和农用地整理 7. 更加强调近期行动计划与国土空间综合整治的衔接

图6-7　国土空间规划体系下的村庄规划

资料来源：作者自绘

　　五是更加强调约束性目标的落实。村庄规划作为规划体系的详细规划,是规划体系与规划内容传导的末梢,要落实乡镇国土空间规划的分解落实要求,尤其是耕地保有量、永久基本农田保护面积、生态红线保护、建设用地指标等重要约束性指标要严格落实,涉及空间属性的内容需要上图入库。

　　六是更加强调国土空间用途管制。村庄规划的国土空间用途管制既包括以永久基本农田保护红线划定为重点的耕地保护,也包括以生态保护红线划定为重点的森林、湿地、水域、草原等各类自然生态空间的保护,还包括村域内建设用地的开发控制引导内容。通俗的表述即新时期国土空间用途管制是"山水林田湖草地房"的全域全类型全口径的管制。

　　七是更加强调近期行动计划与国土空间综合整治的衔接。村庄规划直接面向实施,需要有归属实施的抓手。一方面是通过近期行动计划以及项目清单等内容来按时序分阶段落实实施,另一方面要以国土空间综合整治等政策工具为手段,分专项分职责落实村庄规划的总体安排。

第四篇

组织与编制

4

7.1　工作流程

规划编制工作流程包含前期准备、规划编制两个阶段。

7.1.1　前期准备

前期准备包含组织准备和技术准备两方面。

一是组织准备。首先应成立组织机构。村庄规划由乡镇人民政府(含其他乡镇级行政管理单元,下同)组织编制。乡镇人民政府应引导村党组织和村民委员会认真研究审议村庄规划,并动员组织村民积极参与。县(市、区)自然资源主管部门要做好技术指导和监督检查,加强与农业农村、发展改革、住房城乡建设、财政等有关部门的工作协调,共同做好规划编制工作。成立组织机构后应制定工作方案。工作方案要突出村民主体地位,明确村党组织和村民委员会在规划相应工作环节参与到规划决策中来,组织村民代表会议讨论规划建议与方案。同时,应在组织准备阶段成立专家组。各级自然资源主管部门牵头建立村庄规划专家组,加强技术咨询、业务培训和规划审查。

二是技术准备。主要包含业内的基础资料的调查收集准备和相应的村庄规划技术培训,并对现有的村庄规划作出评估。基础资料调查收集指县(市、区)级自然资源主管部门主动按要求帮助做好基础资料、图件、数据库等成果的收集整理工作,并按照相关要求统一提供给规划编制队伍。村庄规划技术培训一般由自然资源管理部门负责,组织专家对编制单位技术人员、行政管理业务骨干、乡镇干部、村两委等人员进行村庄规划编制和管理业务知识培训。结合村庄规划评估工作,识别现有规划成果中好用、可用、实用的内容进行继承使用,找出存在的主要问题并提出解决思路与规划安排。

7.1.2　规划编制

规划编制一般需经过驻村调研和编制规划两个阶段。

1.驻村调研

村庄规划编制技术人员应驻村开展详细调查工作,充分掌

7 工作流程与前期准备

握当地自然资源、地形地貌、交通区位、历史人文、村民诉求和意愿等资料。由于国土空间规划体系下村庄规划更加注重全域全要素的规划，因此与过去村庄规划侧重具体居民点的调研不同，规划更加需要对全村域进行调研与勘察，找到特点、优势和问题。具体包括了业内分析、业外勘察、座谈沟通等步骤。

业内分析是在村庄规划调研中容易被忽略的一步，但业内工作的好坏，决定了后续几个步骤的效率、准确性。业内工作重点不仅需要梳理已有规划、现状图纸，同时也要在实地勘察之前，结合"三调"或地形图对现状形成最基础的认知，如地形地貌、用地结构、公共服务、历史文化等，并在相应图纸上作出标注，对规划的对象形成初步的判断，并把在解读已有规划、"三调"或地形图过程中遇到的疑惑作出标注，这些疑惑也是后两步关注的重点。

业外勘察的方式多种多样，能够运用的技术也逐渐变多。除了实地勘察、记录、标记等方式，在面对村域范围，无人机等现代技术的运用也越来越普遍。业外勘察一方面是感性的认识、深入的了解，另一方面也是对第一步业内分析问题的有针对性的探究。一般来讲，业外勘察会格外注重"三调"或地形图变化的区域，这些变化有可能是因为统计口径的变化，但更普遍的是因为"建设行为"的发生。对于"建设行为"的记录与确认，是业外勘察的重点工作。乡村地区的业外勘察，除了过去对于"建设行为"的调研，还增加了对农林空间、生态空间的调研，同样也应当更加关注发生变化的部分，诸如高标准农田建设、生态修复工程等。

座谈沟通应当在驻村调研过程中多次进行，既应当包含村两委的座谈，同时还应当包含与村民代表、小组长、乡贤、农业企业相关负责人等各方的座谈，深度了解对于村庄发展的诉求、意愿和对现状问题的反馈。项目组需做好全过程规划工作记录，结合业内分析和业外勘察尽快形成相对综合性的现状认知分析，保证现状分析的准确性。

2. 编制规划

根据调研结果和村庄类型，充分采纳村民意见、建议和诉求，依照各地编制技术指南相关要求，提出村庄发展的目标定位、村域空间布局、村庄居民点布局、专项规划、近期规划等主要规划内容，制作相应的规划图纸，形成供审查讨论的规划初步成果。

专栏7-1　江苏省村庄规划一般包含的内容

一、村庄总体布局规划

1. 发展目标

2. 用地布局规划

3. 国土空间用途管控

4.耕地和永久基本农田保护

5.国土空间综合整治和生态修复

6.产业空间引导

二、村庄配套设施规划

1.公共服务设施规划

2.道路交通规划

3.公用设施规划

4.防灾减灾规划

三、居民点规划

1.农村居民点规划设计

2.历史文化保护和特色风貌引导

3.农村人居环境整治

四、近期实施计划

规划方案必须经村民代表会议或者村民会议审议通过。编制过程要按要求填写好全过程参与式规划记录，各个阶段的讨论或审议意见应做好记录和保留，作为下一步规划审批的重要条件和报批材料。

7.2 资料与调研清单

村庄规划的调研应当注重系统性，对涉及村庄的各方面进行全域、全要素的调研。

结合第三次国土空间调查和现状调查，开展规划范围内国土空间现状的分析与评价，应对全域国土空间所有要素进行全面的分析与评价。

根据国土空间规划的总体要求与内容深度，可根据实际工作需要，在摸清现状情况的前提下，灵活调整现状调查内容，增加道路交通、公共服务、历史沿革等内容。

（1）社会经济：调查村庄经济社会基本情况，包括人口（户籍和常住）、户数、家庭收入、集体收入、主导产业、社会治理状况等。

（2）自然环境：包括地形地貌、地质、水文、气象、生态环境等。

（3）自然资源：包括动物、农业、森林、矿产、水资源等。

（4）历史文化：包括历史沿革、历史遗存、传统风貌和文化特色等。历史文化名村和传统村落要按照有关要求开展详细调查。

（5）土地利用：调查土地利用现状及其存在的主要问题，包括耕地和永久基本农田、农村居住用地（宅基地）、商服用地、公共服务设施用地、基础设施用地以及各类生态用地等。土地利用现状可根据实际需要分层次梳理土地权属情况、建设情况（已批已建、批而未建、未批先建等）等。

表7-1　现状分析矩阵

		优势分析	问题提炼	村民诉求
自然条件				
区位条件				
社会经济				
土地利用	总体特征			
	自然保护与保留用地			
	农林用地			
	建设用地			
公共服务	公共设施			
	市政设施			
道路交通				
特色资源保护与利用				
村庄建设与人居环境				

7.3　规划底数底图

7.3.1　总体要求

村域规划工作底图以第三次全国国土调查、土地利用现状变更调查、农村建设用地调查数据为基础进行补充调查，形成比例尺不小于1∶5 000的土地利用现状数据和工作底图，规划坐标统一为国家大地2 000坐标系。

自然村与其他零星建设用地（非集中建设用地）如需增补图则以第三次全国国土调查、土地利用现状变更调查、农村建设用地调查数据为基础，以不低于1∶1 000的地形图为工作底图。

7.3.2　现状基数转换

目前阶段村庄规划的工作底图都是基于"三调"数据，但是由于"三调"数据是基于"所见即所得"的原则，所以与实际管理数据存在偏差。同时，"三调"的数据精度无法满足详细规划的编制需要。

目前全国各地在编制各层次规划时，都对"三调"数据进行了转换，并出台了相应的转换规则。国家层面也出台了《关于国土空间规划现状基数的若干规定（征求意见稿）》，明确以尊重建设用地权益为原则，衔接已明确的相关政策要求和规划管理规定，对"三调"中按实地现状调查的"已批准未建设用地"等管理属性数据进行分类转换。

目前,由于各层级规划正在开展,村庄规划过渡期没有上位规划的,可按照该规定进行基数转换工作,确保规划基期用地分类数据、图件的一致性。

在具体的地图转换中主要考虑以下原则:

1. 现状图以"三调"为基础,在总体规划转换基础上细化

"三调"作为村庄规划的重要基础,应首先对"三调"基础数据作细致分析,原则上不应修改"三调"。同时,作为详细规划的村庄规划,应当在总体规划转换基础上依据实际需要细化,而不是"另起炉灶"地进行转化和细化。

2. 差异图层与现状图绘制

结合地形图、实地勘察、权属信息等的辅助,在"三调"基础上,增加管理数据、纠错反馈、新增用地变化等差异图层,叠加在"三调"图上(不覆盖),形成村庄规划的现状图(数据库)。涉及管理属性数据的规划基数分类转换规则的主要有以下情形:

一是已审批未建设用地。具体进一步包括以下情况:(1)已完成农转用审批手续(含增减挂钩建新用地农转用手续,但尚未供地的,按照农转用审批范围和用途认定为建设用地;(2)已办理供地手续,但无土地使用权证的,按土地出让合同或划拨决定书的范围和用途认定为建设用地;(3)已取得土地使用权证的,按证载用途和范围认定为建设用地。

二是违法用地。主要是指卫片执法、大棚房治理、违规别墅清查、乱占耕地建房等各类专项督查工作中核查出的违法用地。违法用地按照执法处置意见进行地类认定。处置意见为拆除的,按照违法用地发生前的地类认定;处置意见为补办手续的,按照"三调"地类认定。

三是已拆除建筑物、构筑物的原建设用地。是指因低效用地再开发、原拆原建、矿山关闭后再利用等原因已先行拆除的原建设用地。"二调"或年度变更调查结果为建设用地且合法的(取得合法审批手续或1999年以前调查为建设用地的),按照拆除前地类认定。

3. 现状图用地分类深度

现状图应包含村域现状图与重点地区现状图两个层次。

村域现状图分类深度原则上以各省市技术指南要求为主,细化至二级类。在《江苏省村庄规划编制指南(试行)》2020年版中提到,"在不改变上级规划约束性指标和强制性内容的前提下,根据村庄发展目标,按照'把每一寸土地都规划得清清楚楚'的要求,优化调整村域用地布局,明确各类土地规划用途(国土空间用途分类)……加强建设用地的弹性和兼容性管理,合理确定用途分类的深度",主要是按国土空间用途分类标准,表达村域内现状各类用地的分布情况,以及主要道路、河流、自然村名、相邻关系、公共服务设施和市政公用设施位置等要素信息。《指南》中也提到了现状图地类可适当细化表达。

重点地区(需编制图则的区域),包括了规划发展村、点状建设用地的区域,应在绘制管理图则之前,根据项目审批深度的需要,对现状和规划用途分类在村域现状图基础上

适度细化至三级类。

7.4 村民调查

（1）村委、村民全程参与

村民参与是村庄规划编制的重要工作要求，也是保证规划符合实际、增强可操作性的重要条件。在规划编制过程中，应充分尊重村委和村民的主导地位，在现状调研、确定方案、规划报批前都应广泛征求和听取村民意见。现状调研阶段参与的村民一是要有一定的比例，至少要覆盖到整个村民的30%以上；二是要有一定的代表性，既要选择长期在本地生活生产的村民，也要适当调研外来流动人口的需求，既要调研年轻人的需求，也要调研老人和青少年的需求，同时，还要兼顾不同村组之间的平衡；三是既要调研现状问题，也要就规划方案、规划思路进行充分沟通协商。村民参与的方式可以依据各项目不同特点有所不同和侧重。有条件的情况下，规划设计人员可以采取驻场的方式，通过与村民的沟通、相处，了解他们的生活生产习惯，更感性地了解乡村的特征，精准地把握村民生活的需求。

（2）问卷调查

为更好地了解村民意愿、落实村民诉求，可对村民展开问卷调查。通过入户走访、座谈、问卷等调查方式，深入了解地方政府、村两委和村民在产业发展、住房建设、设施改善、环境提升等方面的发展诉求或意愿。村民调查问卷的结果，也是村庄规划编制各类决策的重要依据之一。问卷内容可包含村民家庭成员及其工作情况、交通出行、公共服务设施、村庄环境、住房情况等。

村民调查问卷应包含对设施满意程度的调查和未来规划意愿、意向的调查。对于城镇开发边界外，重点发展或需要进行较多开发建设、修复整治的村庄，应全面了解村民的诉求与意愿；城镇开发边界外不进行开发建设或只进行简单的人居环境整治的村庄，侧重了解村民对村庄环境方面的诉求。与城镇开发边界有重叠的村庄和区域侧重了解对未来居住、安置意愿、村庄环境的诉求；与城镇开发边界不重叠区域，按城镇开发边界外情况处理。

专栏7-2 乡镇（街道）＿＿＿村村庄规划村民调查问卷（以南京市六合区某村庄为例）

一、家庭基本情况（本问卷所涉及的"家庭"和"家"指的是您户口簿上的所有成员）

1. 性别：

A. 男； B. 女

2. 年龄：＿＿＿

3. 请问您的文化水平是_____？

　　A. 小学及以下；　B. 初中；　C. 高中或中专；　D. 本科或大专；　E. 研究生及以上

4. 家庭人口：_____人？

　　其中6岁以下_____人，18以下_____人，18—60岁_____人，60岁以上_____人。

5. 家庭年收入：_____元？

　　其中每人每月平均基本生活费用支出约为_____元。

6. 家庭收入主要来源（可多选）：

　　A. 农业林产收入；　B. 牲畜产品收入；　C. 水产养殖收入；

　　D. 自营工商业，从事旅游业、民宿等；　E. 外地务农或务工收入；

　　F. 家庭成员政府机关或村干部收入；　G. 出租土地/设备/房屋；

　　H. 社会保障收入；　I. 其他收入

二、家庭成员及其工作情况

7. 您的家庭是否有外出务工人员？

　　A. 有；　B. 没有

　　外出务工每人每月平均收入是：

　　A. 500元以下；　B. 500—1 000元；　C. 1 000—3 000元；

　　D. 3 000—5 000元；　E. 5 000元以上

　　外出务工主要工作地点是：

　　A. 本乡镇（街道）；　B. 六合区；　C. 南京市其他区；

　　D. 省内其他城市；　E. 外省其他城市

　　外出务工回家频率是：

　　A. 每日往返；　B. 每周回一次；　C. 每月回一次；　D. 一季度回一次；

　　E. 半年回一次；　F. 过年才回；　G. 几年回一次；　H. 不回

8. 如果外出务工人员选择返乡，主要的吸引因素是什么？（可多选）

　　A. 自然环境好（空气新鲜，有山有水）；　　B. 故土难离（对家乡和亲朋好友有感情）；

　　C. 村里有产业和承包土地；　　D. 希望回家照顾老人和孩子；

　　E. 家里有宅基地，在大城市买不起房；　　F. 工作压力小，工作不忙；

　　G. 农村发展政策好，有发展新业态的潜力；　H. 其他

9. 您家里的在外务工人员如果想回乡的话，主要顾虑是什么？（可多选）

　　A. 就业机会少；　B. 收入低；　C. 发展前景欠佳，缺少发展平台；

D. 婚娶对象的居住地在城市；   E. 交通不便；   F. 居住环境差,教育设施差；

G. 职业属性不适合在农村发展

三、交通出行

10. 您日常生活中到街道的出行方式主要是(可多选):

A. 步行；   B. 自行车；   C. 电动车；   D. 摩托车；   E. 小汽车；   F. 公共交通

11. 您多久去一趟镇区(街道)?

A. 1—3 天；   B. 一周左右；   C. 一月左右；   D. 一年左右

去街道最主要目的是(可多选):

A. 工作；   B. 购物、娱乐；   C. 进货送货；   D. 走亲访友；   E. 就医看病；

F. 接送孩子上下学；   G. 其他

12. 本村的道路对您的生产生活而言是否方便?

A. 方便；   B. 不方便

若不方便,哪类道路不方便? (可多选)

A. 村庄内部道路；   B. 乡道(村庄到乡镇、街道之间的道路)

对道路的哪个方面最不满意? (可多选)

A. 局部道路过窄；   B. 断头路多；   C. 路面质量差；   D. 节假日没法停车

13. 您对现有的城乡公交是否满意?

A. 满意；   B. 不满意

若不满意,原因是什么? (可多选)

A. 路线少；   B. 站点少；   C. 发车班次少；   D. 太拥挤

四、公共服务设施

14. 您一般到哪里购买日常用品?

A. 本行政村内商店；   B. 邻近行政村商店；   C. 街道；   D. 六合城区；

E. 南京主城区

15. 您的孩子目前(或未来打算)就读的幼儿园是:

A. 本村内幼儿园；   B. 邻近村庄幼儿园；   C. 本街道幼儿园；

D. 六合城区幼儿园；   E. 南京其他城区幼儿园；   F. 其他

16. 您平时就医地点是:

A. 本村卫生室；   B. 本街道中心卫生院分院；   C. 本街道中心卫生院；

D. 六合城区医院；　E. 南京主城区医院；　F. 其他

17. 您更喜欢哪种养老设施？

A. 敬老院；　B. 社区居家养老服务中心（站）；

C. 老年活动中心/日间照料中心/农村老年关爱之家；

D. 度假型老年社区；　E. 其他

18. 希望行政村提供哪些服务项目？（可多选）

A. 餐饮；　B. 医疗康复；　C. 家政服务；　D. 陪伴；　E. 沐浴；　F. 其他

19. 你平时参与较多的文体生活是（可多选）：

A. 在家看电视、阅读；　B. 和邻居打牌打麻将；

C. 和邻居喝茶聊天；　D. 去村公共文化室看电影、上网、阅读；

E. 去参加广场文化活动（如广场跳舞等）；

F. 去参加文艺兴趣小组或业余文艺团队（唱戏、跳舞等）；

G. 到村健身场地健身、打球；　H. 其他

五、村庄环境

20. 您对本村的环境状况是否满意？

A. 满意；　B. 不满意

21. 您觉得本村环境整治中最需要解决的问题（可多选）：

A. 垃圾收集和分类处理；　B. 污水集中处理；　C. 改善村庄水环境；

D. 改善村庄绿化景观；　E. 拆除临时搭建的建筑；　F. 拆除或翻建危房；　G. 其他

六、住房情况

22. 您对您目前的居住环境是否满意？

A. 很满意；　B. 还可以；　C. 不满意

23. 您现在是否已在城区购房？

A. 有；　B. 没有

24. 在未来五年，您打算如何改善居住条件？

A. 原址翻建；　B. 本自然村另选址自建；　C. 搬入集中居住点统一建设；

D. 街道购房；　E. 六合城区购房；　F. 南京市其他城区购房

25. 如果提供新的宅基地给您，您愿不愿意从村中搬出，归还现有宅基地？

A. 愿意；　B. 要有一定的补偿（货币补偿/住房补偿）才愿意；　C. 不愿意

26. 您能接受的集中安置住房类型是(可多选):

    A. 多/高层公寓;   B. 低层住宅;   C. 独门独院

27. 如果本村进行优化,最希望哪三个方面得到改善?(多选)

    A. 就业机会;   B. 住房建设;   C. 子女教育;   D. 医疗医保;

    E. 水电路气房等基础设施;   F. 村庄环境;   G. 农村产业升级;

    H. 其他 _____

28. 您觉得自己居住的村庄在建房和环境、设施等方面还存在哪些急需解决的问题?

7.5　规划师下乡

针对我国村庄规划基础总体上较为薄弱、规划管理技术支撑不足、村庄情况千差万别的特点,新时期的村庄规划中,各地自然资源主管部门都更加强调"陪伴式"规划,更加重视各规划团队下乡到田间地头,准确掌握基层的发展诉求;要求做出符合地域特色、贴近群众需求、经得住时间检验的规划,防止出现"千村一面""千篇一律"的现象。规划面对不同的使用者,包括自然资源管理部门、农业农村部门,同时也要服务于村两委和村民,引导这些不同的规划利用实施主体使用规划,按照规划进行保护、使用和建设,是当下村庄规划建设管理工作的重要任务。下乡规划师就如同"全科医生",需要对村庄规划编制、规划落地全程参与,不仅要跟踪规划编制的各个流程,而且要在规划的实施过程中进行监督与参与,对村庄规划进行动态反馈,指导村庄建设,为乡村发展的问题把脉,为乡村振兴助力。

越来越多的省市在出台村庄规划编制的技术指南、编制要求中,强调了推行的乡村地区规划人才制度,这是一种工作方法的创新。例如,南京在2020年出台《南京市乡村责任规划师实施办法》,旨在通过实施乡村责任规划师制度推进规划人才下乡,鼓励和指导各区或具备条件的街镇,按照相关规定优先从长期服务当地规划设计工作、熟悉当地情况的高校、科研机构、设计单位中公开选聘专业技术人员和团队,为乡村地区规划建设提供全过程、陪伴式的咨询服务,提升乡村规划管理水平。这样的乡村规划师不同于结合村庄规划编制由编制单位派出的跟踪服务的设计人员,可以长期贴近服务村庄规划建设管理工作。

村庄规划作为详细规划,既要发挥刚性管控作用,也要发挥引导村庄高质量发展的战略引领作用。合理确定村庄的发展定位,是开展村庄规划首先要解决的问题。村庄发展定位决定了村庄产业和乡村建设发展的模式和方向,影响了村域土地利用结构调整的方向,也决定了诸多公共设施配套的内容和标准。要在充分分析村庄的区位、自然环境条件、发展资源和现状条件的基础上,根据乡镇国民经济和社会发展规划以及乡镇国土空间总体规划,对农村经济发展的趋势和可能的新结构进行全面综合的分析研究,合理确定村庄的发展定位。

同时,按照目标具体化、指标化的原则,根据很多省市关于村庄规划编制指南的要求,规划需要设置包括人口规模、用地规模、耕地保有量、永久基本农田保护面积等在内的指标体系,作为控制和引导村庄发展的主要定量控制指标。

8.1　村庄发展现状条件分析

村庄发展现状条件分析要从村庄的自然地理和区位条件、人口规模及结构、用地规模及性质、产业发展、资源现状、基础设施与公共服务设施、乡村文化保护与传承等方面展开。分析确定村庄定位要系统分析以下几个方面的因素:

8.1.1　村庄的自然地理条件

村庄的地理和自然条件,对村庄的形成和发展有着重要的影响。在确定村庄定位时必须了解村庄所在地区地形、地貌、水文、气象、地震等自然条件,以及地理环境容量、整个村域的交通运输状况和发展前景,还要了解所在乡镇的村镇体系布局及发展趋向,这些因素将对村庄的产业发展方向和重点及空间布局起着重要影响[①]。

区位条件是指村庄所在行政、经济辖区内的位置和周边环

---

① 金兆森,陆伟刚,等.村镇规划[M].南京:东南大学出版社,2017:
　　51-52.

8 村庄发展定位和控制指标体系

境,体现出村庄在区域中的地位与作用,为村庄规划的准确定位提供依据。村庄的区位条件尤其是由于新的交通格局调整带来的新的区位条件对村庄未来的发展有着重大影响。通过与周边关系的分析掌握村庄与周边的各种社会经济联系状况,明确村庄发展的外部条件,指明村庄与周边村庄合作和协调发展的可能性,这对明确村庄的发展定位起着至关重要的作用。

8.1.2 村域资源

对村庄发展直接影响的资源有农业资源、水资源、森林资源、风景资源、矿产资源、能源资源、人力资源等。

农业资源包括农、牧、副、渔各业,它们的产品、产量和销售、市场竞争力情况,今后发展趋势及前景等。产业结构、优势产业决定了村庄的性质和发展方向。

水资源包括地表水资源(含区域性江河湖泊、水系等)和地下水资源,它们的分布及可供利用的总量、水质状况等。

森林(林业)资源包括森林分布情况、储量、可采伐量、采伐条件、利用情况等,天然林的分布情况,是否是国家级、省级、市级公益林。

风景资源包括自然景观和人文景观,前者是山岳、河川、树木、洞穴等大自然形成的风景,后者是由于人的活动而造成的历史古迹、革命遗迹及宗教等活动胜地,要了解这些人文资源的保护等级和所形成景区的等级。

矿产资源包括已经在开采的矿产资源,以及探明的矿物种类、储量、分布情况、可采条件的利用情况等。了解矿产资源开采带来的环境影响情况。

能源资源包括电力、煤炭以及部分水电的能源供给情况。了解村域发电和输电设备的情况,电力负荷及供电站、电网。了解分析村域发展风力发电、太阳能发电的资源条件。

人口和人力资源分析指系统分析村庄人口的总量、发展趋势、劳动力数量、劳动力的就业状况、人口与劳动力的转移等。人力资源包括全村的劳动力资源、从农业转移为乡镇人口的情况和前景、劳动力就业情况等,还包括劳动力的文化水平和经济素质等。

对上述资源,要进行调查分析,作出客观恰当的评价。

8.1.3 村庄的历史资料

调查、分析、研究村庄起源和发展建设历史,对今天的村庄规划建设有着重要的作用。如村庄产生和形成的自然环境以及社会经济背景;历史上村庄的职能、规模、变迁原因;村庄对外交通情况、水源地的变化;等。研究这些情况,对合理进行村庄分布,确定村庄性质和发展规模起着重要的作用。

8.1.4 村庄的现状资料

村庄现状是村庄发展的基础,通过对村庄现状调查,掌握村庄现有生产发展水平和设施情况,村庄各类用地情况及比例,村庄企业的产品、产量、产值、职工人数、环境污染与处理,交通现状与问题,生产生活设施的配置、公共服务、文化福利、绿化等方面的情况,将有利于正确地认清村庄的发展优势和存在的问题,把握村庄的发展趋势。

8.1.5　村庄物质要素

村庄是由村属企业、对外交通、住房和公共建筑、绿化以及各项公共设施等组成的,这些被称为村庄的物质要素。在这些物质要素中,如对外交通等,对村庄的发展都起着重要的作用,因此,了解这些要素在村庄中所占的地位和作用,以及他们的发展前景等,有助于明确该村庄的性质。当然,每个村庄虽然具有相同的物质要素,但却也有其自身的特点与职能,它们反映在村庄的性质上也就不完全相同。

8.2　上位规划及相关规划解读

确定村庄性质和发展定位,要在现状条件分析的基础上,全面分析上位规划对村庄未来发展方向、发展规模等方面的要求,作为确定本村发展定位和性质的重要依据和指导。

需要系统解读的上位规划一般包括各级乡村振兴战略规划,尤其是本县、乡镇的乡村振兴规划;所在市县的国土空间总体规划,交通、产业等相关专项规划;所在乡镇的国土空间规划和土地整治等专项规划;现行城市、镇总体规划,镇村布局规划和土地利用总体规划,特别是在新的国土空间规划没有完全编制完成并批准之前,既有的城乡规划和土地利用总体规划仍然是需要遵守的上位规划,有关本村庄的规划要求应加以落实。解读上位规划的重点,是分析上位规划对村庄的发展定位、村庄分类、村域需要保护的生态保护红线、耕地和永久基本农田规模、村庄建设用地规模等的约束性要求。

同时,应对规划范围其他已批规划进行衔接和实施评估,包括村级土地利用规划、村庄建设规划、美丽乡村规划等。结合已有的村庄规划,调研分析目前的规划实施情况,总结典型问题,既要总结反思规划实施存在的问题,也要分析规划本身可能存在的问题。

8.3　村庄定位和产业发展思路

8.3.1　村庄发展定位

村庄发展定位是指村庄在规划拟定时期内经济、社会、环境的发展所应达到的目的和指标。虽然我国大部分村庄产业基础以农业为主,但对于部分区位较好和有一定历史基础的村庄,也存在小规模清洁工业的发展可能和条件,对于部分自然条件独特、特色农业发展基础好、历史文化遗存较丰富的村庄也需要认真筹划乡村旅游业的发展。村庄的发展,不可能全部依赖城市的财政转移,还要因地制宜,选择性地发展适宜的产业,才能增强村庄发展后劲,实现乡村振兴。

　　拟定村庄发展定位,应综合分析村庄的资源基础及其特点、现状的经济结构状态、所在乡镇和邻近大城市发展对本村的要求,明确它的主要职能,并根据村庄经济发展的趋势,分析村庄经济发展的潜力和优势,指明它的发展方向。在此基础上,总结分析村庄多年来的产业发展特征,分析国家和地区影响农业经济发展的政策和供需变化,分析本村庄粮食种植、多种经营、旅游等产业在周边地区的竞争优势和潜在压力,进而分析村庄在更大区域社会经济发展中所承担的各种职能作用,筛选出对村庄发展具有重大意义的主导性和支配性的产业,并结合村庄对比分析和发展策略研究,以村庄所在乡镇的国土空间规划、镇村布局规划以及其他相关规划的要求为指导,确定村庄的产业定位和发展方向。村庄周边或者附近有无新建大型企业、成片城镇开发,是否有规划的铁路、公路干线经过本村,这些都会对村庄发展起到重要影响。

　　由于发展竞争是多方面的,所以村庄定位的内容也是多方面的,涉及性质定位、功能定位、产业定位等。其中,产业定位是基础,功能定位是核心,性质定位是灵魂。江苏省邳州市的授贤村是江苏首批特色田园乡村,在村庄定位时就强调提炼特色要求,尤其是抓住银杏特色产业和传统礼贤文化两大特色,提出"沂水古渡、崇礼授贤"的村庄定位。同时,进一步强调要以银杏特色发展为主题,以复兴传统礼贤文化为主线,以发展现代农业、木业创意研发、旅游服务配套为主干,整治乡村人居环境,创新政策机制,打造苏北地区省级特色田园乡村示范村。"沂水古渡、崇礼授贤"的村庄定位,反映了沂河岸边的生态区位、千年古渡的历史地位、学礼知礼的文化定位和敬老尊贤的乡风本位。

　　村庄定位是村庄发展和竞争战略的核心。科学的村庄定位,可以正确指导政府活动、引导企业或居民活动、吸引外部资源和要素,最大限度地聚集资源、优化配置资源,从而提升村庄发展竞争力。否则,村庄定位不准,就会迷失方向,丢掉特色,丧失自身的竞争力。村庄定位是村庄营销和品牌建立的基础。有的时候,村庄发展定位还需考虑村庄形象的确定,不仅是指村庄的代表性的景观特色,更重要的是指村庄内在的、相对稳定的、个性化的东西。要使一个村庄脱颖而出,定位的关键点在于找出最能代表村庄特点的"名片"。因此,要想准确定位就要对自身以及外围竞争村庄有深入的了解,找出代表村庄的个性特点并用简洁的语言表达出来。村庄定位特别要遵从独特性原则,应有鲜明个性,尽可能与其他村庄区别开来。村庄定位的个性可以从历史文脉、名胜古迹、革命传统、自然资源、地理区位、交通状况、产业结构以及自然景观、生态环境、建筑风格等诸多方面去发掘培育,讲究创意和标新立异。江苏省泰兴市的祁巷村也是省级特色田园乡村,在村庄定位时就放大猪鬃特色产业,使猪鬃产品多元化与高端化,发展附加值高的猪鬃文玩刷子、按摩梳等多种高端产品。因此,只有坚持差异化的原则,塑造村庄独有的定位和独特的形象,才能吸引目标消费者的关注,并使其产生对村庄定位的品牌联想。村庄定位一旦稳定,就需要通过多种途径、多项措施来将目标逐层逐级落实。

如果具备条件,村庄区域定位分析可以采用定量分析作为支撑。定量分析就是在定性分析的基础上对村庄职能特别是经济职能,采用以数量表达的技术经济指标来确定主导的优势产业:分析主要优势产业在镇域或者更大范围的地位和作用;分析主要生产方向经济结构的主次,通常用同一经济技术指标(如职工人数、产值、产量等),从数量上去分析,以其超过该产业部门结构整体的20%—30%为主导因素;分析用地结构的主次,以用地所占比重的大小来表示。

8.3.2　村庄规划目标

规划目标是指在乡村综合发展规划的指导下,乡村发展所要达到的最终状态。村庄的发展目标要以国民经济和社会发展规划和其他相关规划为依据,结合村庄发展的条件,综合加以考虑。对于乡村来说,规划的最终目标是实现乡村经济、社会和文化的可持续发展,为达到这一目标,需要制定乡村发展在各方面的分目标,包括空间、经济、文化和社会等方面的分目标。

1. 实现乡村经济、社会和文化等的全面可持续发展。这是村庄发展的最终目标,主要表现为村民生活和生产环境较好、村民收入较高、传统文化得到继承与发扬以及村庄有自生长的动力等。除此之外,还要运用互联网架设城乡之间沟通的桥梁,促进城乡之间人流、物流、资金流和信息流的沟通,增加城市和乡村的联系和亲密度,缩小城乡之间的差距,并使城市和乡村互相依赖共同发展,最终实现城乡的共同发展。

2. 优化村庄国土空间开发利用格局。落实上级国土空间规划(包括现行各类城乡规划、土地利用总体规划等)和相关部门对乡村发展的要求,根据村庄分类和国土空间开发保护、居民点建设、乡村治理等的实际需要,因地制宜明确村庄发展目标、土地利用优化布局、耕地和永久基本农田保护、国土空间综合整治和生态修复、产业发展布局、农村居民点规划设计、历史文化保护与传承、公共服务设施和公用设施布局、近期实施计划等规划内容。

3. 改善乡村环境,完善设施配置。这是村庄规划在空间层面的目标,也是村庄规划所要解决的基本问题,主要是指改善村民生活和生产环境,完善各项基础设施和公共服务设施,缩小与城市之间的差距。在促进村庄发展的同时,也要注意对自然生态环境的保护,保护乡村原有的自然风貌,留得住乡愁记忆。

4. 优化产业结构,增加村民收入。这是村庄规划在经济层面的目标,也是乡村发展的直接要求。现在乡村旅游发展较快,能促进乡村传统农业向休闲农业和创意农业转变,促进民宿、商业和服务业等的发展。返乡人口的创新创业也丰富了乡村的产业业态,带动了乡村的发展,增加了村民的收入。

5. 保护乡村资源,发扬乡村特色。这是村庄规划在文化层面的目标。在乡村发展的过程中还要注重挖掘并保护当地的文化、风俗和历史遗迹等人文资源。乡村应当以自身特色作为发展的切入点,如民俗村、美食村等,形成村庄发展的独特"符号"。

8.3.3 产业发展战略

乡村振兴战略,是党的十九大报告中作出的重大战略决策部署,也是新时代"三农"工作的总抓手。乡村振兴的重点是产业振兴,实施乡村振兴战略的核心是实现农业增效、农民增收和农村活力增加。实现产业振兴主要在于充分利用乡村的地理区位优势、资源环境优势等,形成乡村的特色主导产业,并能够迎合市场化发展的需求。通过市场参与,为村庄投入更多社会资本,发展休闲农业和乡村旅游业,为城市提供乡村产品供给,并实现城乡产业的互融互通[①]。在村庄发展战略策划中,应着重考虑以下几点:

第一,深入挖掘潜力。即挖掘自身地理条件、交通条件、文化资源条件等,将村庄自身产业发展服务于区域整体发展,同时在区域发展中最大限度发挥自身所具备的资源优势。挖掘村域资源,节约集约利用土地,加快公共基础设施建设,推进特色产业发展,保护和塑造乡村特色风貌,形成绿色发展格局图景。

第二,确定主导产业。通过对区域产业综合分析定位,谋划新产业新业态布局结构和规模,确定村庄主导产业,并以主导产业为中心,逐步发展完善产业体系。

第三,突出产业特色。在产业规划中,应着重对村庄特色资源条件的综合利用,并挖掘村庄在区域中有持续竞争力、能为村庄发展提供持久动力的特色产业。

第四,确定产业布局。在规划过程中,应区分一二三产业对于土地的依赖与影响,并以乡镇国土空间规划和村域用地规划为基础,结合各类产业本身发展用地种类与性质的需求,进行产业的空间布局,从而保障村域土地资源的合理、有效利用。

在梳理产业现状、调查村民发展意愿的基础上,结合上位规划,从村庄所处的地理区位、村庄拥有的资源禀赋角度统筹考虑,确定产业发展方向和一二三产业的发展策略。

1. 第一产业规划。对于农村来说,第一产业一直是居于主导地位,但由于其产值低、就业率高的特点,使其在乡村发展的新时期亟待转型。在农业生产中应当从当地实际出发,结合市场需求,合理安排农业的结构,大力发展粮食种植业,通过土地流转,提高农业规模化程度,采取公司加农户等形式,提高农业种植的效益。在农产品种植上,进行标准化、专业化的生产,建立严格的农产品质量安全监管体系。

---

① 刘洋. 乡村振兴战略背景下城郊融合类村庄空间发展策略研究——以北京求贤村为例[D]. 北京:北京建筑大学,2020.

2. 第二产业规划。村庄的第二产业主要是指农产品的深加工,包括农产品产地初加工、深加工和副产品的综合利用等。农产品产地初加工重点是对粮食和果蔬的干燥和保鲜,加快农产品冷链物流的发展,实现农产品生产、加工、流通和消费的快速连接。农产品深加工能提高农产品附加值、带动农民致富,也可以与健康养生等产业集合,开发功能性的食品等。建立副产品综合利用的技术体系,促进资源的循环利用。

3. 第三产业的规划。村庄第三产业主要是指电子商务以及与之配套的物流体系和乡村旅游。随着互联网的发展,其影响范围由城市扩展到乡村,给乡村的经济发展和村民生活都带来了较大的变化[①]。乡村在互联网影响下最先发展的是电子商务,乡村可以通过互联网突破地域和空间的限制进行土特产、手工艺品和工业产品的销售,实现乡村的转型。除电子商务外,乡村旅游在互联网影响下也开始快速发展,以往乡村旅游宣传的方式是报纸或者电视,现在可以通过微博、公众号等途径进行宣传,一组照片、一场电影或者综艺活动都可能带动乡村旅游的发展。乡村旅游的发展促进了当地的村民就业,还吸引了外出打工的农民工返乡,增加了乡村发展的活力。农村居民目前也主要通过互联网进行信息获取、即时通信、网络娱乐等,村民生活的内容更为多样化。

部分村庄拥有一定的资源条件,适合发展乡村旅游产业。乡村旅游要利用乡村的资源进行有特色的发展,促进农业与休闲旅游、教育文化和健康养生等的结合。首先,应以不破坏村域自然环境为前提进行旅游规划,在规划过程中确定生态保护范围,在规划的实施中明确生态保护机制。其次,保护村庄历史人文要素,对于村庄内具有保护价值的建筑或建筑群以修复保护为主,规划过程中注重保持村庄传统风貌。第三,多样化发展。我国乡村地区旅游多以农家餐饮为主,类型较为单一,在乡村旅游初级阶段较受欢迎,但随着乡村旅游的发展,游客的需求也在逐渐增加,除了最初的品尝购物外,参与体验、休闲度假、疗养健身等功能也越发受到青睐。因此,村庄旅游规划应充分挖掘本地特色,选择或开发适宜本村发展的功能类型,促使村庄旅游产业向多元化方向发展[②]。

加快农村的发展,更为有效的办法是加快城乡一体化机制建设,促进资源的流动,带动农村土地的流转、人口的流动及资金的汇集投入。流转土地承包经营权可以促进产业规模经营,为产业兴旺奠定基础。实施增减挂钩、耕地占补平衡等土地整治项目,可以聚合各类涉农资金投入,配置乡村文化娱乐等公益性公共设施,建设生态宜居环境优美的居住区,构建有序的乡村治理体系,以上资源的有效流动必然促进农业农村现代化战略

①　郭萌萌.互联网影响下乡村综合发展规划的编制研究[D].哈尔滨:哈尔滨工业大学,2017.
②　刘馨月."多规合一"导向下的村庄规划编制方法研究[D].西安:长安大学,2017.

目标的实现,而这又将进一步促进农业增效、农民增收和农村活力的激发,从而形成"乡村振兴→城乡融合→农业农村现代化→乡村振兴"可持续性循环。

8.4 村庄规划分类和发展引导

8.4.1 分类要求

农村人口减少,村庄数量逐步减少,更多的人口进入城市,这是世界城市化发展的规律,中国也不例外。但这个进程必将是一个长期的、渐变的过程。村庄是中国乡村社会经济活动的基本单元。科学识别村庄类型、把握村庄发展阶段,进而明确村庄振兴路径,有助于形成村镇有机体、居业协同体,推动乡村振兴战略行稳致远[①]。村庄的分类有多种,既有从主导产业角度分为农业主导型、牧业主导型、三产融合型等类型,也有按照城乡区位特征划分的,包括城市边缘、近郊、远郊,甚至偏远地区等类型,也有按照村落人口规模和密度划分为大、中、小村庄的。从规划引导的政策类型和发展对策角度划分村庄类型,具有重要的现实意义[②]。2018年9月,国务院发布《乡村振兴战略规划(2018—2022年)》明确提出了集聚提升类、城郊融合类、特色保护类、其他一般村、搬迁撤并类等五种村庄类型及其分类发展策略。中央农办等五部门于2019年1月发布的《关于统筹推进村庄规划工作的意见》(农规发〔2019〕1号)等要求,在综合分析研究村庄发展条件和潜力基础上,将现状村庄因地制宜划分为集聚提升类村庄、特色保护类村庄、城郊融合类村庄、搬迁撤并类村庄和其他一般村庄五类。

1.集聚提升类村庄,是指现有规模较大、发展条件较好的中心村、重点村和其他仍将存续的规划发展村庄,是乡村振兴的重点。在城镇规划建设用地以外新建的新型农村社区,应纳入集聚提升类村庄。

2.特色保护类村庄,是指历史文化名村、传统村落、特色景观旅游名村等自然历史文化特色资源丰富的村庄,是彰显和传承优秀传统文化的重要载体。同时具备集聚提升类和特色保护类村庄遴选条件的,优先纳入特色保护类村庄。

3.城郊融合类村庄,是指城市近郊区及县城城关镇周边、处于城镇规划建设用地范围之外的村庄,具备成为城市后花园的优势,也具有向城市转型的条件。"城郊融合类村庄"仅指城市近郊区或县城城关镇所在地的部分村庄,其他乡镇内不设这种类型。

4.搬迁撤并类村庄,是指因避灾避险、脱贫攻坚、生态建设、重大项目和城镇规划建设等需要搬迁撤并的村庄,以及人口流失特别严重的村庄。

5.其他一般村庄,是指目前看不准、暂时无法分类的村庄。村庄分类首先明确上述

① 李裕瑞,卜长利,曹智,等.面向乡村振兴战略的村庄分类方法与实证研究[J].自然资源学报,2020(2):243.
② 李京生.乡村规划原理[M].北京:中国建筑工业出版社,2018:108.

四类看得清、能确定发展方向的村庄,其他在城乡发展进程中难以看清的大量村庄应纳入"其他一般村庄"中,留出足够的观察和论证时间。

在村庄规划时,可按照上述要求,结合各地区村庄实际进一步细化明确村庄分类与管控等具体要求。对于经济发达、城镇化发展水平较高、城乡空间格局基本稳定的地区,可根据地方实际不单设"其他一般村庄"这一类型。

关于村庄分类的对象,有的地区是对自然村进行分类,有的地区如安徽是对行政村进行分类,涉及对乡村地区的管控政策和工作尺度不同的把握。以行政村为对象便于和管理、建设衔接,以自然村为对象便于实施差别化管控和建设政策。

8.4.2　与以往村庄分类的关系

1. 与早期村庄规划分类的关系

2014年江苏省政府办公厅印发的《省政府办公厅关于加快优化镇村布局规划的指导意见》(苏政办发〔2014〕43号)提出将村庄分为"重点村""特色村""一般村",其中"重点村"和"特色村"是规划发展村庄。当前由于国家和省乡村振兴战略规划已明确提出了新的村庄分类方式,考虑到前后工作和政策的延续性,本轮镇村布局规划应在原有工作基础上开展优化完善工作。本次优化完善中村庄分类与2014年版分类方法原则上可对应如下:

"集聚提升类村庄""特色保护类村庄""城郊融合类村庄"都属于规划发展村庄。

"集聚提升类村庄"和"特色保护类村庄"原则上可分别对应为原定的"重点村"和"特色村"。

"城郊融合类村庄"对应城市近郊区及县城城关镇周边、处于城镇规划建设用地范围之外的部分"重点村"或"特色村"。

"搬迁撤并类村庄"为"一般村"中,因避灾避险、脱贫攻坚、生态建设、重大项目和城镇规划建设等需要搬迁撤并的村庄,以及人口流失特别严重的村庄。其他纳入"其他一般村庄"。

2. 与早期相关概念的关系

田园综合体。继"新农村""美丽乡村"和"特色小镇"发展浪潮之后,为进一步推动乡村建设的稳定持续健康发展,2017年2月,中央一号文件正式提出"田园综合体"模式。同年6月份,财政部下发《关于开展田园综合体建设试点工作的通知》,确定将在江苏、河北、山西等18个省份开展田园综合体建设试点。从字面含义上看,"田园"旨在重塑乡村价值,践行"可持续发展"的观念,强调"天人合一"及人与自然和谐的发展世界观;"综合"指要把农民生活空间、农业生产空间、休闲旅游空间等功能版块进行重组,综合运营和综合管理;"体"即全域,是一个多功能、复合型地域经济体。田园综合体是顺应乡村振兴战略、农业供给侧结构性改革以及新型城镇化背景下的一种时代产物,对促进城乡一体化和农业现代化发展,推动农业供给侧结构性改革,至关重要。

田园综合体是促进城乡一体化和农业现代化的一种新型发展模式,其发展思路的核心是以乡村核心要素资源为基础,充分利用村庄的闲置宅基地、集体用地和耕地等资源,以乡村休闲旅游为引爆点,着力开发形式多样、内容丰富的旅游产品,把乡村打造成一个既能满足不同旅游人群需求的乐园,同时又满足当地居民生活的乐土。乡村旅游休闲项目可以依托乡村田园独特的自然风光——时令蔬菜园、瓜果园、观赏性麦田等,开发融观光、休闲、娱乐、养生、体验、教育等多功能于一体的综合休闲度假中心,提升土地的价值。此外,也要大力开展农业科普教育,让人们能够充分参与到农事体验之中,知晓农业的成长过程,享受农耕活动带来的快乐。在实际开发过程中,要根据当地的风土人情、自然风貌、地质情况等,因地制宜地开发,可重点打造该乡村一项或几项独特的、别具一格的旅游休闲项目,以此为基础,带动周边整个片区的发展,最终形成一个地域经济综合体。

特色小镇以特色产业为核心,聚焦产业高端方向,延伸产业链、提升价值链、创新供应链,吸引人才、技术、资金等高端要素,构建小镇大产业,打造特色产业集群和知名品牌。发挥城郊村创新创业成本相对较低、生态环境优越、交通条件好等优势,鼓励支持各区培育创新创意类、健康养老类、现代农业类、历史经典类特色小镇。坚持市场主导,多元化构建特色小镇建设主体,营造创新创业氛围、宜居宜业环境。

8.4.3 村庄分类发展引导

1. 集聚提升类村庄

集聚提升类村庄应作为城镇基础设施向乡村延伸、公共服务向乡村覆盖的中心节点,科学确定村庄发展方向,在原有规模基础上有序推进改造提升,优化环境、提振人气、增添活力,保护保留乡村风貌,建设宜居宜业的美丽乡村。鼓励发挥自身比较优势,规划配置辐射一定范围乡村地区的、规模适度的管理、便民服务、教育、医疗、文体、农资服务、群众议事等功能建筑和活动场地,引导建设完善的道路、给排水、电力电信、环境卫生等配套设施。

农村发展的这几年,有一些村庄特别是部分中心村在各级政府的大力支持下,规模越来越大,常住的人口也在不断增多,各项基础设施也非常完善,而这类村庄在未来的发展道路上,会被纳入"聚集提升类",也就是说,以后会有更多的资源和政策向这些村庄倾斜,进行全面升级,让村庄的发展更好,让村民的生活更便捷。

2. 特色保护类村庄

特色保护类村庄要统筹保护、利用与发展的关系,努力保持村庄的完整性、真实性和延续性。在既有村庄特色基础上,着力做好历史文化、自然景观、建筑风貌等方面的特色挖掘和展示,合理利用村庄特色资源,发展壮大特色产业、保护历史文化遗存和传统风貌、协调村庄和自然山水融合关系、塑造建筑和空间形态特色等，并针对性地补充完善相关公共服务设施和基础设施。

人们生活水平提高的同时，喜欢到乡村旅游的人越来越多。我国为了发展乡村旅游业，近些年，出台了很多扶持政策，一些历史古村、少数民族村寨在各级各地的发展下，吸引不少消费者到村旅游，带动了当地的发展，村民也实现了增收，而这些历史文化村、传统古村、少数民族村寨以及具有特色旅游资源的村庄，以后会被纳入"特色保护类"，把古建筑保护起来，让民俗能够一直延续下去。

3. 城郊融合类村庄

城郊融合类村庄要综合考虑工业化、城镇化和村庄自身发展需要，充分共享城市的基础设施等资源，和城市融合发展，共享资源，使农民增加更多的收入、提高生活品质。加快城乡产业融合发展、基础设施互联互通、公共服务共建共享，在形态上保留现有村庄空间形态和风貌特色，将村庄打造成城市后花园。

城郊融合类村庄在产业路径选择上，充分利用区位优势，要积极对接城镇需求，结合村庄特有的资源，发展相关配套产业。一方面要依托于自身的农业基础，构建现代农业生产体系，并加快产品的动能转换，开发休闲高效农业。同时，要立足于服务城市经济发展的需要，通过与城镇企业的结盟，促进农产品及配套商品的流通；另一方面，城郊融合类村庄还应借助于自身良好的生态资源，发展生态旅游业，并带动村庄餐饮业及民宿产业等相关服务业的发展，不断优化村庄产业结构，实现一、三产业融合发展，实现村庄产业振兴。

4. 搬迁撤并类村庄

搬迁撤并类村庄要通过易地扶贫搬迁、生态宜居搬迁、农村集聚发展搬迁等方式，实施村庄搬迁撤并，统筹解决村民生计、生态保护等问题。拟搬迁撤并的村庄，严格限制新建、扩建活动，统筹考虑拟迁入或新建村庄的基础设施和公共服务设施建设。坚持村庄搬迁撤并与新型城镇化、农业现代化相结合，依托适宜区域进行安置，避免新建孤立的村落式移民社区。搬迁撤并后的村庄原址，因地制宜复垦或还绿，增加乡村生产生态空间。

近十年，城乡一体化发展进程不断加快，农村的人口大量转移城市，从而导致农村地区出现了不少"空心村"和"空心房"，还有些村庄地处偏远山区或者荒漠化地区，村民很难实现致富，村庄的发展也得到了限制。为了实现脱贫致富、乡村振兴，我国在未来的乡村发展思路上，会把人口流失特别严重，生存条件恶劣、自然灾害多发的村庄纳入"撤并搬迁类"，这些村庄会被集中搬迁，村民们也会被集中在一起，然后发展产业和农业，实现增收。当然，这项措施也会根据村民的意愿，如果不想搬迁，各地政府也不要强制要求村民上楼。

5. 其他一般村庄

其他一般村庄应满足农民基本生活需求,保持村庄环境整洁卫生,做好长效管理和维护。

8.5 主要规划控制指标

为便于量化引导和控制,村庄的发展定位和发展目标,以及一些涉及耕地、生态保有量和建设用地指标应用具体的指标和量化值进行控制,从而形成与发展定位相支撑的规划控制指标体系。村庄规划的总体控制指标,主要包括人口规模、建设用地规模、耕地保有量和永久基本农田保护面积等核心指标。

1. 人口规模预测

人口规模是村庄规划的重要参数。村庄人口统计包括户籍人口和常住人口,户籍人口(户数)是确定村庄规划建设用地总规模的主要依据,常住人口及其构成是各项公共服务配套的主要依据。

人口预测应科学合理,以历史、现状分析为基础,以村庄经济发展趋势与人口发展政策为依据,符合人口迁移和产业发展等客观趋势。从农村这些年的发展趋势来看,村庄人口呈现两种趋势。大部分地区村庄持续衰落,人口不断减少;有部分区位和发展条件较好的村庄人口在持续增长,甚至会吸引不少外来人口。人口预测方法很多,一般用自然增长法或趋势外推法,也需要结合劳动力平衡法等进行校核。

从总体来看,劳动力的转移是农村人口机械减少的主要因素,是城乡人口结构变化的重要原因,也是历史客观发展趋势。同时,也要考虑到返乡人口对人口数量的增加和城镇化导致的乡村人口减少对人口规模的影响。

进行村庄人口规模预测,除了从自身发展角度预测村庄人口发展规模以外,还要充分衔接上位规划的要求,严格落实上级规划关于市县和乡镇域城镇化战略的要求,遵循城镇化和乡村发展客观规律,按照镇村布局规划的村庄分类,合理预测确定村庄人口规模。

2. 建设用地规模

建设用地规模指的是村域范围所有建设用地,包括城乡建设用地以及区域性交通、水工、市政、军事等各类用地。在上级国土空间规划已经编制的情况下,应按照上级国土空间规划分解的约束性指标要求,合理落实村庄规划建设用地规模,明确建设用地需求,要贯彻国家有关保护耕地和节约用地的方针,优先盘活存量,合理确定流量,并符合流量指标总量控制要求。

原则上,村庄聚落的建设用地规模一般根据村庄户籍人口、合理的人均建设用地规模确定。人均建设用地规模,要根据各地区人均耕地情况、自然地形地貌特点、家庭人口规模等情况差别化确定。一般而言,各地村庄的发展主要是在现状的基础上开展的,因此在预测村庄人口确定人均建设用地标准时,要以现状人均建设用地水平为基础,根据本地区(县区、乡镇)人均耕地状况和省市(县)相关规定,按照节约集约的原则,确定规划人均建设用地标准[①]。大部分地区的人均村庄建设用地标准的区间值为80—150平方米/人。除了集聚提升村和城郊融合村庄之外,其他类型的村庄总体上应在现状基础上减量,规划用地规模不得突破现状规模。在确定人均建设用地规模时,要满足国家规范的要求,也要结合乡村实际情况。确需增加规模的,应符合村庄分类和发展实际需要,并不得突破上级国土空间规划的约束性指标要求。在确定发展方向和村庄建设控制区范围时,要与永久基本农田布局和经济社会发展规划相协调。

区域性交通、市政、水工、军事用地,以及城镇建设用地、工矿用地规模,其规划布局一般由乡镇甚至市县国土空间规划确定,一般根据上位规划明确的布局和用地需求确定。

3.其他指标

村域内的生态保护红线、耕地保有量、永久基本农田保护面积等约束性指标,要严格落实上级规划确定的指标分解要求。

可根据村庄实际管理需要和上级规划要求,统筹制定人均村庄建设用地规模、建设用地机动指标、集体经营性建设用地规模等其他指标。新增宅基地户均用地标准应符合相关法律法规定和各地区政策要求。

各地还可结合农村土地制度改革试点、集体经营性建设用地入市、宅基地管理、国土空间综合整治、农民群众住房条件改善、农村人居环境整治等工作,按需增加相应控制引导指标和规划内容。

各省市一般规定村庄规划必须控制的基本指标,也鼓励村庄根据实际情况,在指标库中选取指标作为特色指标,但指标不宜类型过多。

表8-1 村庄规划指标表

指　标	规划基期年	规划目标年	变化量	属性	备注
户数(户)					
户籍人口规模(人)				预期性	
常住人口规模(人)				预期性	
生态保护红线规模(公顷)				约束性	
耕地保有量(公顷)				约束性	
永久基本农田保护面积(公顷)				约束性	
建设用地总规模(公顷)				约束性	

---

① 王印传,陈影,曲占波.村庄规划的理论、方法与实践[M].北京:中国农业出版社,2015:99.

	指　　　标	规划基期年	规划目标年	变化量	属性	备注
其中	集体经营性建设用地规模（公顷）				预期性	
	流量指标（公顷）				预期性	
	机动指标（公顷）				预期性	
	新增宅基地户均用地标准（平方米）				约束性	

备注：以上指标内容为村庄规划必备内容，各地可根据上级规划要求和实际需要，在此基础上增加相关规划指标。

　　在各级批准的国土空间规划出台之前，过渡期村庄规划可参考既有城乡规划、土地利用规划，严格落实乡镇级土地利用总体规划确定的各项约束指标。待市县和乡镇国土空间总体规划批准后，及时调整修订涉及的相关指标。

9.1 村域现状和规划用途分类

在不同时期，由于村庄规划的定位和管控重点不同，用途分类和关注的重点也有所不同。

我国改革开放初期的村庄规划，主要针对农民住房随意占用耕地等问题，重点是规划村庄居民点用地布局，并没有对基础设施、公共设施和各类用地进行统筹安排。1993年，国家颁布《村庄和集镇规划建设管理条例》，并于同年颁布了《村镇规划标准》，对村庄人口规模、用地规模和各类用地布局等做出了详细的规定，但仍然侧重于村庄居民点的规划建设控制。2008年《城乡规划法》颁布后，乡村被纳入和城市统一的规划体系。2011年，国家更新了原有的《城市用地分类与规划建设用地标准》，构建了覆盖城乡全域的城乡用地分类体系，但其中对作为大类与城镇相并列的村庄用地，并没有再做细分，而且对非建设用地缺乏细分，导致村庄用地分类粗放，无法指导村庄用地详细管控。2014年，国家颁布了《村庄规划用地分类指南》，填补了村庄用地分类标准的空白，基本能够有效地指导乡村的用地管理和村庄规划的编制。

长期以来，在村庄用地分类上，较为突出的是城乡规划与土地利用总体规划之间的矛盾。土地利用总体规划所依据的用地分类标准为《市县乡级土地利用总体规划编制规程》，其中将用地分为三大类、十中类，不仅有乡镇建设用地、工矿用地、交通用地、特殊用地，也有农业生产设施和用地信息，数据较为精确；而城乡规划中用地分类以《城市用地分类与规划建设用地标准》（GB50137—2011）为标准，将城乡用地分为建设用地与非建设用地，建设用地又分为八大类、三十五中类。村庄规划用地分类主要关注建设用地，包括居住用地、公共建筑用地、道路广场用地、绿化用地以及水域和其他用地，对村域内的农用地、生态用地等缺乏详细的分类。因而，现有各村庄规划多数只关注居民点建设规划，缺乏对村域范围内其他空间的考虑，也往往缺乏对农业空间的布局规划引导，影响村庄农业

9 村域国土空间布局与用途管制

发展[1]。

不同的用地分类体现了不同规划关注的重点空间有所不同。城乡规划体系下村庄规划以村庄居民点建设为重要内容，对农业空间、生态空间管控不足，对村庄居民点做了全面细致安排，对村庄建设用地以外的用途缺乏关注。土地利用总体规划中村庄规划对村庄居民点规划深度不足，难以指导村庄建设。随着我国迈入中高收入国家行列、城乡一体化进程加快推进，人口、资金、信息加速向乡村地区流动，乡村地区的功能将继续发生重大变化，除了传统的农业生产功能，还将兼有休闲旅游以及文化创意等新兴经济功能。在强调全域空间管控的基础上，作为法定详细规划的村庄规划用地分类应充分融合城乡规划和土地利用总体规划有关村庄用地分类的有效做法，突出全域空间管控的要求，按照详细规划的这一微观尺度来优化村庄用地分类，以生产、生活、生态"三位一体"共生理念统筹规划农业农村各项土地利用活动，科学合理规划安排建设空间、农业空间、生态空间，实现村级尺度的"多规融合"，实现"一张图"的用地管控[2]。

2017年，党的十九大报告指出，我国已经进入中国特色社会主义建设新时代，我国社会主要矛盾已经转化为人民日益增长的美好生活需要和不平衡不充分的发展之间的矛盾。随着我国经济快速发展，城乡交通和通信条件显著改变，农业规模化和产业化快速推进，目前全国已有超过30%的承包地进行了流转，部分发达地区流转比例甚至超过60%，大大提高了农业生产规模和效率。据2017年统计，我国各类返乡下乡创业人员已达700万人，其中返乡农民工比例为68.5%，返乡创业带动了农村新产业新业态的迅猛发展。另一方面，随着农村人口的减少和人口结构的改变，农村地区出现了大量空置宅基地、空置房和空心村，部分地区通过使用权流转利用空置房发展乡村民宿、文化创意产业。乡村多元化产业的发展带来乡村地区功能变化，迫切需要未来的国土空间规划从注重城镇地区转向关注城乡一体，促进农村地区土地资源利用更加高效。要实现城乡居民生活水平的基本均衡，必须充分释放乡村土地价值，提高农村地区自身发展动力，高度重视乡村地区生态资源的严格保护和所有用途的统一管控。

在新的国土空间规划体系下的村庄规划，作为城镇集中建设区外法定的详细规划，对村域内所有空间要素进行管控是相对于以往村庄规划最重要的创新。管控方式和管控层次应突出"分区+分类"相结合。在规划分区层面，一般分为一级规划分区和二级规划分区。一级规划分区包括生态保护区、生态控制区、农田保护区，以及城镇发展区、乡村发展区、海洋发展区等分区。在城镇发展区、乡村发展区、海洋发展区中分别细分二级规划分区。村庄规划一般细分到二级分区。规划分区类型和具体含义见下表。

---

① 刘馨月."多规合一"导向下的村庄规划编制方法研究[D].西安：长安大学,2017.

② 林忠庆.乡村振兴战略背景下村土地利用规划编制研究——以福建省永安市东风村为例[D].福州：福建农林大学,2018.

表9-1　市县域规划分区

一级规划分区	二级规划分区		含义
生态保护区			具有特殊重要生态功能或生态敏感脆弱、必须强制性严格保护的陆地和海洋自然区域，包括陆域生态保护红线、海洋生态保护红线集中划定的区域
生态控制区			生态保护红线外，需要予以保留原貌、强化生态保育和生态建设、限制开发建设的陆地和海洋自然区域
农田保护区			永久基本农田相对集中需严格保护的区域
城镇发展区			城镇开发边界围合的范围，是城镇集中开发建设并可满足城镇生产、生活需要的区域
	城镇集中建设区	居住生活区	以住宅建筑和居住配套设施为主要功能导向的区域
		综合服务区	以提供行政办公、文化、教育、医疗以及综合商业等服务为主要功能导向的区域
		商业商务区	以提供商业、商务办公等就业岗位为主要功能导向的区域
		工业发展区	以工业及其配套产业为主要功能导向的区域
		物流仓储区	以物流仓储及其配套产业为主要功能导向的区域
		绿地休闲区	以公园绿地、广场用地、滨水开敞空间、防护绿地等为主要功能导向的区域
		交通枢纽区	以机场、港口、铁路客货运站等大型交通设施为主要功能导向的区域
		战略预留区	在城镇集中建设区中，为城镇重大战略性功能控制的留白区域
	城镇弹性发展区		为应对城镇发展的不确定性，在满足特定条件下方可进行城镇开发和集中建设的区域
	特别用途区		为完善城镇功能，提升人居环境品质，保持城镇开发边界的完整性，根据规划管理需划入开发边界内的重点地区，主要包括与城镇关联密切的生态涵养、休闲游憩、防护隔离、自然和历史文化保护等区域
乡村发展区			农田保护区外，为满足农林牧渔等农业发展以及农民集中生活和生产配套为主的区域
	村庄建设区		城镇开发边界外，规划重点发展的村庄用地区域
	一般农业区		以农业生产发展为主要利用功能导向划定的区域
	林业发展区		以规模化林业生产为主要利用功能导向划定的区域
	牧业发展区		以草原畜牧业发展为主要利用功能导向划定的区域

一级规划分区	二级规划分区	含义
海洋发展区		允许集中开展开发利用活动的海域,以及允许适度开展开发利用活动的无居民海岛
	渔业用海区	以渔业基础设施建设、养殖和捕捞生产等渔业利用为主要功能导向的海域和无居民海岛
	交通运输用海区	以港口建设、路桥建设、航运等为主要功能导向的海域和无居民海岛
	工矿通信用海区	以临海工业利用、矿产能源开发和海底工程建设为主要功能导向的海域和无居民海岛
	游憩用海区	以开发利用旅游资源为主要功能导向的海域和无居民海岛
	特殊用海区	以污水达标排放、倾倒、军事等特殊利用为主要功能导向的海域和无居民海岛
	海洋预留区	规划期内为重大项目用海用岛预留的控制性后备发展区域
矿产能源发展区		为适应国家能源安全与矿业发展的重要陆域采矿区、战略性矿产储量区等区域。

依据《市县国土空间规划基本分区与用途分类指南(试行)》,国土空间规划用途分类采用三级分类体系,分为24种一级类、106种二级类以及39种三级类。

表9-2　国土空间用地用途分类表

一级类		二级类		三级类	
代码	名称	代码	名称	代码	名称
01	耕地	0101	水田		
		0102	水浇地		
		0103	旱地		
02	园地	0201	果园		
		0202	茶园		
		0203	橡胶园		
		0204	其他园地		
03	林地	0301	乔木林地		
		0302	竹林地		
		0303	灌木林地		
		0304	其他林地		

续表

一级类		二级类		三级类	
代码	名称	代码	名称	代码	名称
04	草地	0401	天然牧草地		
		0402	人工牧草地		
		0403	其他草地		
05	湿地	0501	森林沼泽		
		0502	灌丛沼泽		
		0503	沼泽草地		
		0504	其他沼泽地		
		0505	沿海滩涂		
		0506	内陆滩涂		
		0507	红树林地		
06	农业设施建筑用地	0601	乡村道路用地	060101	村道用地
				060102	村庄内部道路用地
		0602	种植设施建设用地		
		0603	畜禽养殖设施建设用地		
		0604	水产养殖设施建设用地		
07	居住用地	0701	城镇住宅用地	070101	一类城镇住宅用地
				070102	二类城镇住宅用地
				070103	三类城镇住宅用地
		0702	城镇社区服务设施用地		
		0703	农村宅基地	070301	一类农村宅基地
				070302	二类农村宅基地
		0704	农村社区服务设施用地		
08	公共管理与公共服务用地	0801	机关团体用地		
		0802	科研用地		
		0803	文化用地	080301	图书与展览用地
				080302	文化活动用地
		0804	教育用地	080401	高等教育用地
				080402	中等职业教育用地
				080403	中小学用地
				080404	幼儿园用地
				080405	其他教育用地
		0805	体育用地	080501	体育场馆用地
				080502	体育训练用地

一级类		二级类		三级类	
代码	名称	代码	名称	代码	名称
08	公共管理与公共服务用地	0806	医疗卫生用地	080601	医院用地
				080602	基层医疗卫生设施用地
				080603	公共卫生用地
		0807	社会福利用地	080701	老年人社会福利用地
				080702	儿童社会福利用地
				080703	残疾人社会福利用地
				080704	其他社会福利用地
09	商业服务业用地	0901	商业用地	090101	零售商业用地
				090102	批发市场用地
				090103	餐饮用地
				090104	旅馆用地
				090105	公用设施营业网点用地
		0902	商务金融用地		
		0903	娱乐康体用地	090301	娱乐用地
				090302	康体用地
		0904	其他商业服务业用地		
10	工矿用地	1001	工业用地	100101	一类工业用地
				100102	二类工业用地
				100103	三类工业用地
		1002	采矿用地		
		1003	盐田		
11	仓储用地	1101	物流仓储用地	110101	一类物流仓储用地
				110102	二类物流仓储用地
				110103	三类物流仓储用地
		1102	储备库用地		
12	交通运输用地	1201	铁路用地		
		1202	公路用地		
		1203	机场用地		
		1204	港口码头用地		
		1205	管道运输用地		
		1206	城市轨道交通用地		
		1207	城镇道路用地		

续表

一级类		二级类		三级类	
代码	名称	代码	名称	代码	名称
12	交通运输用地	1208	交通场站用地	120801	对外交通场站用地
				120802	公共交通场站用地
				120803	社会停车场用地
		1209	其他交通设施用地		
13	公共设施用地	1301	供水用地		
		1302	排水用地		
		1303	供电用地		
		1304	供燃气用地		
		1305	供热用地		
		1306	通信用地		
		1307	邮政用地		
		1308	广播电视设施用地		
		1309	环卫用地		
		1310	消防用地		
		1311	干渠		
		1312	水工设施用地		
		1313	其他公用设施用地		
14	绿地与开放空间用地	1401	公园绿地		
		1402	防护绿地		
		1403	广场用地		
15	特殊用地	1501	军事设施用地		
		1502	使领馆用地		
		1503	宗教用地		
		1504	文物古迹用地		
		1505	监教场所用地		
		1506	殡葬用地		
		1507	其他特殊用地		
16	留白用地				
17	陆地水域	1701	河流水面		
		1702	湖泊水面		
		1703	水库水面		
		1704	坑塘水面		

一级类		二级类		三级类	
代码	名称	代码	名称	代码	名称
17	陆地水域	1705	沟渠		
		1706	冰川及常年积雪		
18	渔业用海	1801	渔业基础设施用海		
		1802	增养殖用海		
		1803	捕捞海域		
19	工矿通信用海	1901	工业用海		
		1902	盐田用海		
		1903	固体矿产用海		
		1904	油气用海		
		1905	可再生能源用海		
		1906	海底电缆管道用海		
20	交通运输用海	2001	港口用海		
		2002	航运用海		
		2003	路桥隧道用海		
21	游憩用海	2101	风景旅游用海		
		2102	文体休闲娱乐用海		
22	特殊用海	2201	军事用海		
		2202	其他特殊用海		
23	其他土地	2301	空闲地		
		2302	田坎		
		2303	田间道		
		2304	盐碱地		
		2305	沙地		
		2306	裸土地		
		2307	裸岩石砾地		
24	其他海域				

9.2 村域用地布局基本原则

9.2.1 总体原则

村域空间用途规划主要解决村域范围内的生态保护、农业生产、城乡建设、对外交通和产业发展等空间布局问题。作为全域管控的详细规划,村庄规划全域土地用途管制要兼顾原城乡规划和土地利用总体规划不同的关注点,更要注重生态空间和农业空间的用途管制,注重对村域各类建设用地需求的布局引导。

前些年的新农村建设规划编制,多数以短时间内整治村庄环境、提升村庄形象等为主要目标,而对于其他方面如产业发展、生态保护、各类基础设施与公共服务设施等的规划不会涉及。规划成果主要包括村域(社区)层面总体规划与整治村庄的建设规划,总体规划部分主要为居民点布局和道路市政设施规划,村落建设规划部分以村庄环境整治为主要内容,部分保留扩建性村庄还可以适度新建少量的农村住宅和公共服务设施。还有部分村庄规划属于国家政策驱使下的示范村规划,主要包括以社会主义新农村建设为导向的村庄规划以及以美丽乡村建设为导向的村庄规划,此类村庄规划编制关注重点不同。2013年,中央一号文件提出了建设"美丽乡村"的目标,基于美丽乡村建设的村庄规划所含内容以现阶段法规条例所规定的规划的内容为主,一般包括村庄的性质、发展规模及方向、村庄的用地布局、基础设施与公共服务设施的配置、环境卫生规划等;除此之外,基于美丽乡村建设的村庄规划一般较为注重村庄的产业发展,规划中往往将环境整治规划或景观规划等与产业规划相结合,规划内容较为全面。

2019年以来,根据农业农村部和自然资源部的相关要求,各地陆续出台了村庄规划编制指南,要求其作为多规合一的实用性村庄规划,空间布局和用途分区要落实上级规划要求,落实生态保护红线、永久基本农田保护红线、历史文化保护等各类控制线。在不改变上级国土空间规划主要控制指标的前提下,优化调整村域用地布局,明确各类土地规划用途。根据村庄的特征和实际需要适当细化住宅、产业发展、公共设施、市政公用设施等建设用地布局。应当考虑村庄土地利用的不确定,发挥村两委与公众参与的协商作用,加强建设用地的弹性和兼容性管理。

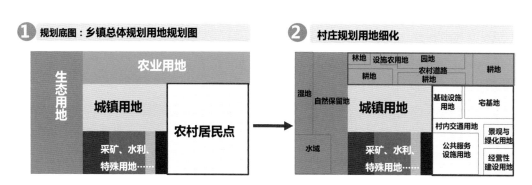

图9-1　村庄规划深化细化上位规划用地规划关系图
资料来源:作者自绘

9.2.2　实现村域全域用途管控

村是"多规合一"的最基层空间承载平台,也是促进"多规合一"的最小空间单元。当下编制村庄规划,不能完全脱离以往编制的一系列相关规划,按照"扬弃"的原则,把村庄规划、乡(镇)总体规划、镇村布局规划、土地利用总体规划以及特色田园乡村规划等相关规划中所涉及的相同内容统一起来,落实到村域的规划空间上,综合多个规划的发展目标和主题方向,详细安排空间布局和实施路径,以此作为实施乡村振兴战略的一张蓝图。

在村庄规划目标引领下,实施乡村振兴战略,需要把保护修复目标、人口经济社会发展空间需求详细全面落实到村域空间。根据上位规划、村庄规划目标和不同地区的人均用地、户均宅基地标准,在不改变上级规划主要控制指标的前提下,按照"把每一寸土地都规划得清清楚楚"的要求,对各类用地的供给量和需求量进行综合平衡,依据土地利用调整次序和土地利用结构布局调整的步骤与方法,合理安排各类用地,调整用地结构和布局,明确各类土地规划用途。

首先,优化整体结构与布局。要划分村域土地生产、生活、生态用地功能,优化生态空间、农业空间和建设空间,落实上级规划空间控制目标任务,优化调整村域用地布局,落实生态保护红线、永久基本农田、历史文化保护等各类控制线。明确具有特殊重要生态功能、生态环境敏感脆弱区域生态用地规模、管制规则和保护修复措施;明确耕地与永久基本农田保护、高标准农田建设与耕地质量建设目标、三产融合中设施农业用地的布局和引导要求。制定规划期内土地利用结构调整方案,重点确定耕地和永久基本农田、生态保护用地、城乡建设用地以及基础设施用地等的规模和比例关系;制定规划期内土地利用布局调整方案。应优先安排基础性生态用地,落实耕地特别是基本农田保护任务,协调安排基础设施建设用地,优化城乡建设用地布局,合理安排其他各类用地。

其次,落实上位规划确定的设施用地。重点落实上级规划确定的交通、基础设施及其他线性工程,军事及安全保密、殡葬、综合防灾减灾、战略储备等特殊建设项目,郊野公园、风景游览设施的配套服务设施,直接为乡村振兴战略服务的建设项目,以及其他必要的服务设施和民生保障项目等,应在村庄规划中进一步落实具体的规模和边界。暂时不能落地的,可提出意向性的位置或控制范围,并纳入项目清单管理,符合条件的也可按照"留白管控"方式进行处理。

再次,细化内部用地安排。根据需要适当细化住宅、产业发展、公共服务和公用设施、道路交通等建设用地和农林用地、自然保护与保留用地的布局。明确宅基地、经营性用地布局和规模,合理配置公共服务设施用地,落实上位规划交通用地、基础设施用地、绿化用地规模和布局,划定村镇建设边界,在大比例底图上细化各类用地布局,实现更加翔实、明确的全域土地用途管制。加强建设用地的弹性和兼容性管理,合理确定用途分类的深度,避免因用途分类过细影响后续规划实施。作为详细规划的村庄规划,除了要详细调查以往规划比较关注的村落居民点建设用地现状外,还要详细调查村域内的工矿、旅游设施和区域性交通、公用设施、特殊用地的现状,明确乡村地区包含生态空间、农业空间的保护修复策略和各类兼容性设施的建设管控原则,提出未来村庄布局、旅游休闲设施的建设总量、布局引导要求等,使村庄规划成为城镇集中建设区之外引导村域用途管控、优化村庄用地结构的刚性政策文件。

最后,合理确定村庄建设控制区。对于规划确定需要搬迁调整和拟复垦的村落或其分散建设用地,也应在用地布局中予以明确,可表达为村庄建设控制区,并合理确定规模和范围,后续城乡建设用地增减挂钩、同一乡镇村庄建设用地布局调整、工矿废弃地复垦利用等拆旧复垦区,应布局在村庄建设控制区内。同时,后续的规划实施管控中,要杜绝出现"人减地增"、划而不拆等行为。

9.2.3 规划图纸表达

村庄规划全域空间用途管制图件主要为现状图和规划图。按国土空间用途分类标准,表达村域内各类用地的分布情况,以及主要道路、河流、自然村名、相邻关系、公共服务设施和市政公用设施位置等要素信息。

村域用地现状图比例尺一般为1∶1 000—1∶5 000,图右上角绘制村庄在乡镇域的地理位置区位。现状图应绘制在地形图上,表明土地利用和地上、地下各设施分布情况。它是村庄规划的最基本图纸,具体要求有:(1) 村庄范围界线;(2) 村庄内耕地、园地、林地、草地、江、河、湖、塘等位置;(3) 现状图地类可适当细化表达,表达村域内各种住宅、工业、公共设施、市政设施、交通等城乡建设用地的位置和范围,以及区域性的交通、市政、军事、工矿、水工等设施用地布局;(4) 要用不同色块、图例表示,要求图面完整,包括图名、年限、图例、风玫瑰图、编制单位、制图日期等,表达清楚,正确反映现状。村域土地利用规划总图要按国土空间用途分类标准,表达村域各类土地主要规划用途,以及相关控制线和设施的分布情况。重点表达居住用地、集体经营性建设用地、公共服务和公用设施用地、道路交通等用地和永久基本农田、生态保护红线等控制线以及管制规则。规划图地类表达深度应根据实际管理需要确定。村庄用地规划图是村庄规划主要综合性图纸,比例尺一般为1∶2 000—1∶5 000,规划内容是根据该村未来发展要求进行的总体布局,明确各类发展用地的范围和边界,确定耕地、园地、林地、草地、湿地、水面等农业和生态地类和生态保护红线区、永久基本农田保护区等控制范围,以及工业、居民点、公共设施、商业商务、市政设施、交通设施、绿化广场设施等各类用地的布局,以及区域性交通、军事、输油气管线、殡葬设施等用地布局。图纸比例及图例应与现状图一致,制图要求也与现状图相同。

为了有效指导基层的规划管理,南京等部分城市,在土地利用规划图的基础上,补充增加了空间管制规则图,突出上位规划的刚性管控的重点和用途管制的重点。空间管制规则图主要是为落实与表达各部门对于国土空间管制的要求,确保空间有序开发,完善国土空间管控体系,在三类空间管控基础之上,对省级生态空间管控区、永久基本农田储备区、村庄发展边界、(村庄)建设控制区、重大基础设施及廊道控制范围、重要水域保护区、其他特殊管控范围等特殊地区提出更有针对性的管控要求。三类空间重点落实上位

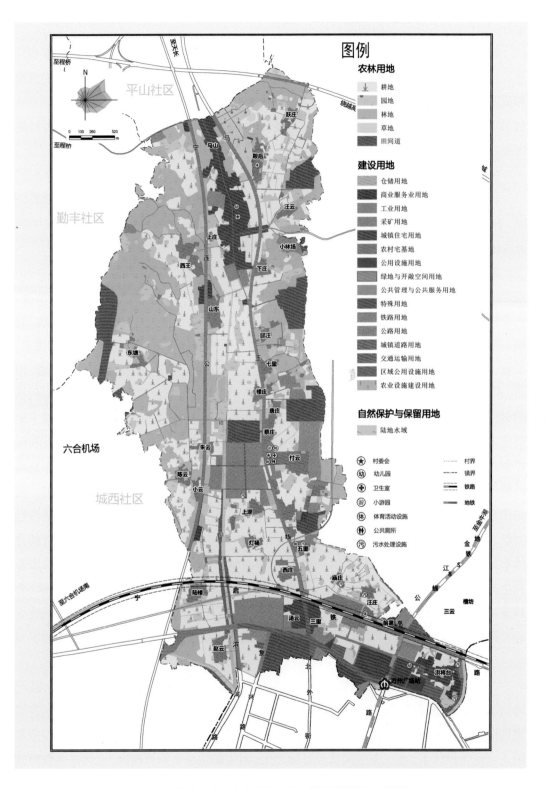

图9-2　南京市六合区马鞍街道中心社区村域用地现状图
资料来源：南京市规划和自然资源局.南京市试点村村庄规划(初步成果).

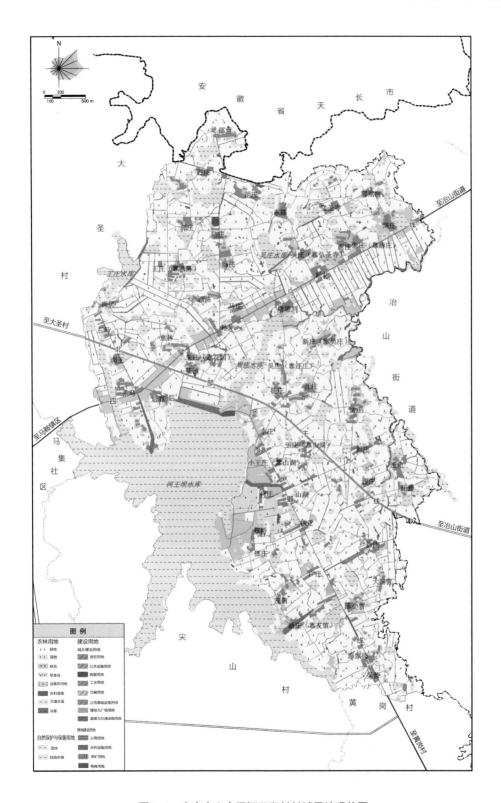

图9-3 南京市六合区河王湖村村域用地现状图

资料来源：南京市规划和自然资源局.南京市试点村村庄规划(初步成果).

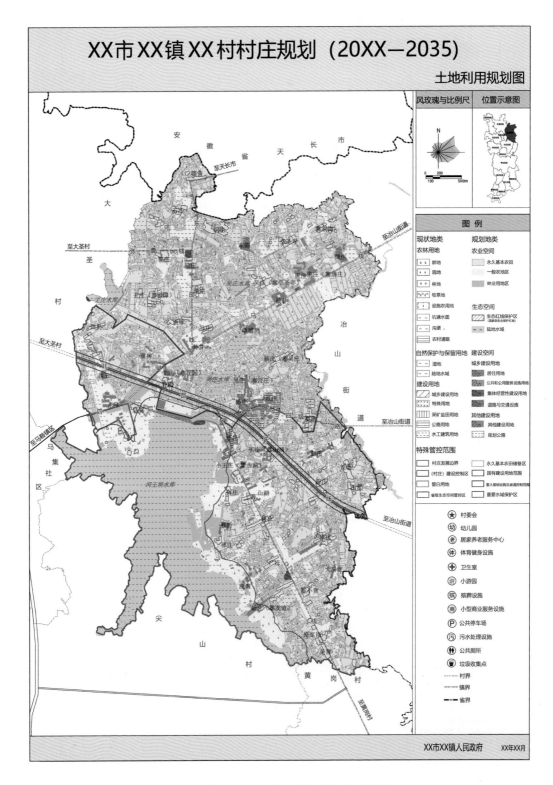

图9-4 南京市六合区河王湖村土地利用规划图
资料来源：南京市规划和自然资源局.南京市试点村村庄规划(初步成果).

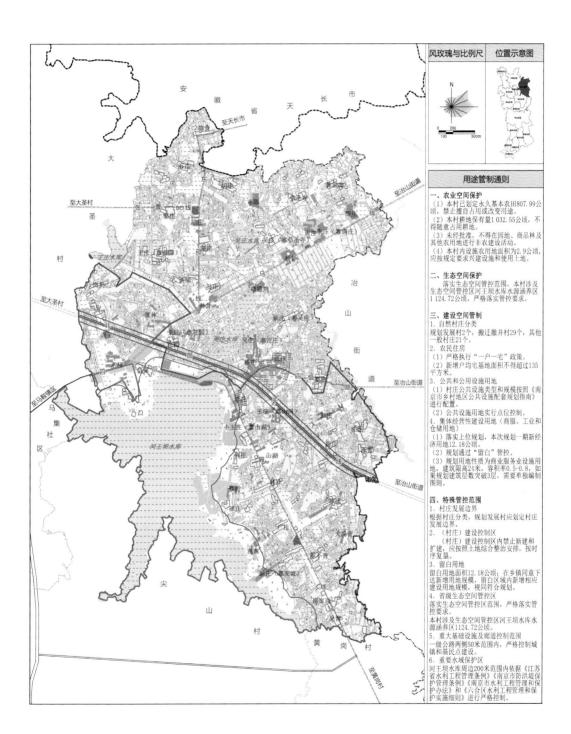

风玫瑰与比例尺　位置示意图

用途管制通则

一、农业空间保护

（1）本村已划定永久基本农田807.99公顷，禁止擅自占用或改变用途。

（2）本村耕地保有量1 032.55公顷，不得随意占用耕地。

（3）未经批准，不得在园地、商品林及其他农用地进行非农建设活动。

（4）本村内设施农用地面积为2.9公顷，应按规定要求兴建设施和使用土地。

二、生态空间保护

落实生态空间管控范围，本村涉及生态空间管控区河王坝水库水源涵养区1 124.72公顷，严格落实管控要求。

三、建设空间管控

1．自然村庄分类

规划发展村2个，搬迁撤并村29个，其他一般村庄21个。

2．农民住房

（1）严格执行"一户一宅"政策。

（2）新增户均宅基地面积不得超过135平方米。

3．公共和公用设施用地

（1）村庄公共设施类型和规模按照《南京市乡村地区公共设施配套规划指南》进行配置。

（2）公共设施用地实行点位控制。

4．集体经营性建设用地（商服、工业和仓储用地）

（1）落实上位规划，本次规划一期新经济用地12.18公顷。

（2）规划通过"留白"管控。

（3）规划用地性质为商业服务业设施用地，建筑限高24米，容积率0.5-0.8，如果规划建筑层数突破这3层，需要单独编制图则。

四、特殊管控范围

1．村庄发展边界

根据村庄分类，规划发展村应划定村庄发展边界。

2．（村庄）建设控制区

（村庄）建设控制区内禁止新建和扩建，应按照土地综合整治安排，按时序复垦。

3．留白用地

留白用地面积12.18公顷：在乡镇同意下达新增用地规模，留白区域内新增相应建设用地规模，视同符合规划。

4．省级生态空间管控区

落实生态空间管控区范围，严格落实管控要求。

本村涉及生态空间管控区河王坝水库水源涵养区1124.72公顷。

5．重大基础设施及廊道控制范围

一级公路两侧50米范围内，严格控制城镇和基民点建设。

6．重要水域保护区

河王坝水库周边200米范围内依据《江苏省水利工程管理条例》《南京市防洪提保护管理条例》《南京市水利工程管理和保护办法》和《六合区水利工程管理和保护实施细则》进行严格控制。

图9-5　南京市六合区河王湖村空间管制规划图

资料来源：南京市规划和自然资源局.南京市试点村村庄规划（初步成果）.

规划管控边界,如生态保护红线:落实村域内生态保护红线的控制界限,明确用地规模,落实到坐标;永久基本农田保护区:落实村域内永久基本农田的控制界线,明确用地规模,落实到地块,提出保护和控制要求;城镇开发边界:落实村域内城镇开发边界的控制界限,明确用地规模,落实到坐标。其他特殊管控范围按照各自管制规则在村域空间上进行细化,并落实到具体边界。这类既有边界,也有管制规则的图纸,可以更加直观地为管理人员以及村民等行为主体提供依据。同时,根据不同的管理需求,可以增加表达规划"五线"的内容,如道路红线、基础设施黑线(划定村域内必须落实的重大基础设施用地的控制界线,提出保护和控制要求)、蓝线(落实相关规划要求,划定村域内江、河、湖、库、渠、湿地等地表水体保护和控制的地域界线,提出保护和控制要求)、紫线(依据相关文物保护要求,划定历史文化名村和传统村落等保护范围界线,以及文物保护单位、历史建筑、重要地下文物埋藏区等保护范围界线,提出保护和控制要求。对于没有明确保护范围界限的文物保护单位,应在规划中落实其空间位置,并根据实际需要征求相关文物主管部门的意见)、橙线(地铁等轨道交通线性走廊控制线)等。

9.3 优先落实安排生态空间

贯彻落实习近平生态文明思想,要体现在各个层面的国土空间规划中。在村域空间用途安排中,要优先考虑和布局好生态空间,这是生态文明思想的重要体现。

图9-6 乡村地区是我国生态国土空间的主要承载区
资料来源:微博@南京规划资源

从广义生态学的角度看,相对于集中城镇建设区,乡村地区主要功能是生态保育、农业生产和乡村特色彰显,是城乡居民美丽家园的重要组成部分,是确保城市生态环境质量的承载空间。我国很多村庄山清水秀,生态环境优异,往往是一个地区重要的生态空间和生态涵养地。有很多村庄整体位于国家公园、风景名胜区、自然保护区内,落实生态优先战略和生态红线保护要求是村域空间布局的重要内容。

农村的最宝贵财富是其良好的生态环境。对农村的这种特殊的生态功能,在村级规划中应给予考虑并作为重要的内容,优化布局好生态空间。在生态空间布局上,在有上位规划划定的生态保护红线的情况下,应严格落实,结合具体生态林、湿地、林地等图斑分布,可以在保证面积不变、生态功能不降低的基础上,对上位规划划定的生态红线保护区具体坐标形态进行优化微调。同时,在系统梳理村域各类生态要素基底的基础上,结合合理的区域生态功能结构和生态系统安全格局分析结论,切实保护具有生态功能的水域、滩涂,严格控制对天然林和湿地的开发利用,划定村域生态空间布局,明确森林、湿地、河湖、水源涵养区等生态空间布局,系统保护好乡村自然风光和田园景观。加强生态环境系统修复和整治,慎砍树、禁挖山、不填湖,优化乡村水系、林网、绿道等生态空间格局。在村域生态空间内的适量的休闲配套设施建设也必须控制建设用地总量和开发强度,加强污水处理、垃圾收集等环境设施配套,减少对生态空间的影响。

1. 生态空间布局

生态空间是生物维持自身生存与繁衍所必需的基础条件,是各级国土空间规划的重点规划内容。首先,要准确识别生态空间。应以第三次全国国土调查为基础,参考基础地理国情普查,以及森林、草原、湿地、海洋等其他各类自然资源调查评价成果和有关规划,确定各类生态要素现状、用途、生态质量和分布,在各类生态因子空间定位和生态功能重要性评价基础上,借助GIS等手段进行生态因子叠加分析,分析生态因子的集聚度和生态斑块布局。其次,根据生态本底调查和空间聚落分析,结合生态因子的生态敏感度判断,借助景观生态学理论和分析手段,在生态因子分析基础上识别生态源区(核心斑块),将具有一定规模、生态敏感度高、在生态系统中具有重要锚固性的生态资源集聚区划定为生态斑块,一般为林地、草地、湿地等。第三,根据地形地貌和山水格局,基于生物

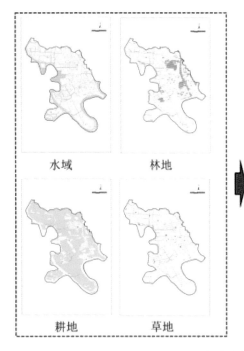
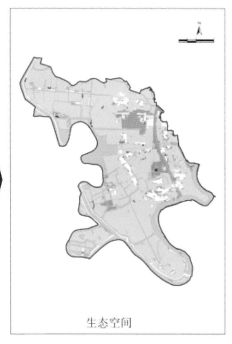

图9-7　村庄生态空间分析过程图

资料来源:根据项目实践自绘

和林地系统连接度,以及生物物种多样性、动物迁徙通道的要求,结合生态安全格局分析的生态最小阻力路径,确定生态连接区域及生态廊道,与生态斑块一起形成生态空间骨架。对于水源涵养、水土保持、生物多样性保护、防风固沙功能的重要区域,作为生态保护红线规划落实到具体地块。对于生态环境比较敏感脆弱的区域,如乱砍滥伐林地、水土流失、土地沙化、盐渍化等问题严重区域,应纳入生态用地给予严格保护,防止生态破坏进一步和扩大化。

2. 生态用途管控

生态空间布局规划确定后,应按照生态空间用途分区进行严格管控,禁止违规转变为建设空间和农业空间。确实需要占用生态空间用地的,应严格依程序依法进行修改调整,并提出建设强度、布局和环境保护等方面的要求。要对依法保护的生态空间实行承载力控制,防止因人类生产生活等各项活动损害生态用地的生态功能,促进人与自然生态系统的和谐稳定。

3. 生态维护修复

结合土地综合整治、矿山生态环境恢复治理、废弃工矿仓储用地复垦利用等工程项目,鼓励按照规划开展维护、修复和提升生态功能的活动,因地制宜促进生态空间内建设用地逐步有序退出。在修复治理的基础上,针对村域内出现的水土流失、荒漠化、石漠化等问题,进行统筹推进综合治理,开展损毁土地复垦,保护和改善生态环境,保护绿色乡村。

9.3.1 分区层面

在分区层面,村域空间规划的重点是优先划定生态红线保护区、一般生态功能区,作为村域生态空间管控的重要内容。

1. 生态红线保护区

指具有特殊重要生态

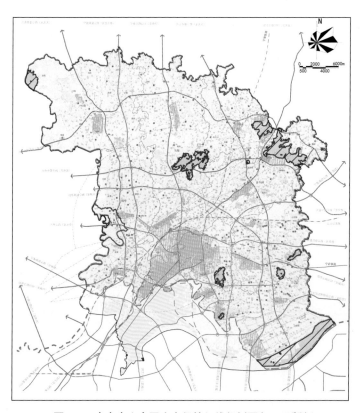

图9-8 南京市六合区生态保护红线规划图(2019版)

资料来源:南京市规划和自然资源局六合分局.六合区镇村布局规划(2019版)[R].2021.

功能或生态环境敏感脆弱、必须强制性严格保护的陆地和海洋自然区域,是陆域生态保护红线和海洋生态保护红线集中区域。要落实上级国土空间规划已划定的生态保护红线,在其范围内严格执行生态保护红线相关管理规定。全国层面生态保护红线成果已经基本稳定,建议根据生态资源调查评估和生态系统结构体系分析,将起到生态斑块、廊道结构性作用的重要生态源区和待修复保护的生态廊道地区纳入生态空间。同时,由于国家已批准的生态保护红线是在1∶1 000—1∶5 000比例尺空间基础底图上形成,村庄规划层面主要任务是划定落实到地块图斑上,只有在充足证据和保持规模不减少、生态质量不降低的情况下,经过严格论证才能进行适度形态微调。

按照国家《关于划定并严守生态保护红线的若干意见》《生态保护红线划定指南》等划定生态红线,并依据相应的管理办法进行管理,实行最严格的准入制度,严禁任何不符合主体功能定位的开发活动,任何单位和个人不得擅自占用或改变原国土用途。区内

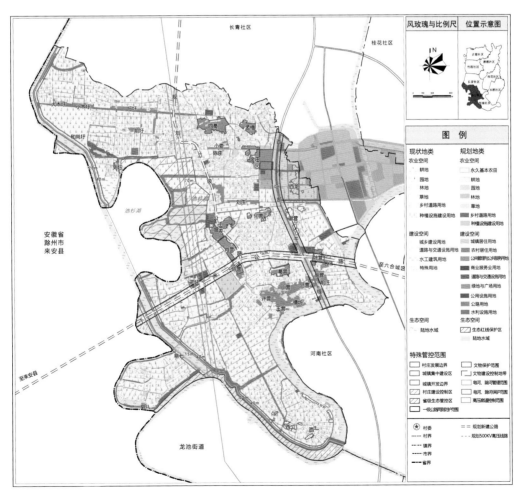

图9-9 南京市六合区程桥街道金庄社区村庄规划(生态红线)规划图

资料来源:根据项目实践自绘

原有的村庄、工矿等用途,应严格控制建设行为的扩展并应根据实际发展需要逐步引导退出。

2. 一般生态功能区

指核心生态保护区外,需进行生态保护与生态修复的陆地自然区域。包含自然保护区、森林公园、以自然资源为主的风景名胜区、饮用水源地等其他需保护修复的生态区域,完善本区域生态格局、提升本区域生态功能具有重要作用的区域。有的省还划定了省级生态管控区域,是仅次于国家生态保护红线的区域,一般应划入其他生态区。

该区域应以保护为主,应开展必要的生态修复,并应依法依规按照限制开发的要求进行管理,允许在不降低生态功能、不破坏生态系统的前提下,依据国土空间规划和相关法定程序、管制规则,允许适度开发利用。

3. 自然保留区

指在生态保护区、永久基本农田集中区之外,规划期内不利用、应当予以保留原貌的陆地自然区域,一般不具备开发利用与建设条件,也不需要特别保护或修复。主要为陆地较为偏远或工程地质条件不适宜城镇、农业、农村发展的荒漠、荒地等区域。

应加强管理,原则上陆域限制各类新增加的开发建设行为及种植、养殖活动,不得擅自改变地形地貌及其他自然生态环境原有状态;海域严禁随意开发,不得擅自改变岸线、地形地貌及其他自然生态环境原有状态。经评价在对生态环境不产生破坏的前提下,陆域可适度开展观光、旅游、科研教育等活动。

9.3.2 用地层面

村域生态空间原则上包括湿地、陆地水域、其他自然保留地等自然保护与保留用地,以及其他需要加强生态功能管控的区域。保护村内生态林地、湿地、山体、水域等其他生态功能用地,按照"慎砍树、禁挖山、不填湖"的要求,严格控制各类开发活动占用、破坏,未经批准不得进行破坏生态景观、污染环境的开发建设活动。

1. 湿地

保护现状湿地,按照湿地保护相关条例进行保护。在全面保护、面积不减、不损害湿地生态功能的前提下,湿地资源可以进行合理利用。利用湿地资源从事生态旅游、科普教育、农业生产经营等活动,应当符合湿地保护规划。同时,禁止开(围)垦、填埋湿地;禁止挖砂、取土、开矿、挖塘、烧荒;禁止引进外来物种或者放生动物;禁止破坏野生动物栖息地以及鱼类洄游通道;禁止猎捕野生动物、捡拾鸟卵或者采集野生植物,采用灭绝性方式捕捞鱼类或者其他水生生物;禁止取用或者截断湿地水源;禁止倾倒、堆放固体废弃物、排放未经处理达标的污水以及其他有毒有害物质;禁止其他破坏湿地及其生态功能的行为。

2. 水域

水域主要包括河流水面、湖泊水面与水库水面三种类型。整体对规划范围内的水域和水系提出规划要求。说明规划范围内水域的面积。确定范围内各级河道的控制宽度、长度、等级、航道等级；说明范围内需要拓宽、延伸和断开的水系。禁止围湖造地。已经围垦的，应当按照国家规定的防洪标准有计划地退地还湖。禁止围垦河道。建设项目占用水域，应当根据建设项目所占用的水域面积、容量及其对水域功能的不利影响，由建设单位兴建等效替代水域工程；同时应当符合防洪标准、通航要求、岸线利用、污染防治、水产养殖等其他规划和技术要求，不得危害堤防安全、影响河势稳定、妨碍行洪畅通、损害生态环境。

3. 林地

结合林地专项规划和地方特点，明确规划区林地的总体布局、主要林地类型（如生态林地、防护林地、生产林地、风景林地等）、实施要求（如森林覆盖率、树种引导、本地树种占比等）。按照相关管理条例，严格保护各级公益林，加强林地布局的系统性，强化生态林地的生态功能。

9.4 合理规划安排农业空间

村庄是农业发展的主要空间，对于我国绝大部分村庄来说，农业生产是村庄的主要用地功能。农业空间原则上包括耕地、园地、林地、牧草地、其他农用地（含设施农用地、农村道路、田坎、坑塘水面、沟渠）等农林用地。农业空间可细分为永久基本农田、一般农业空间。根据耕地现状、农业种植布局和上位规划确定的耕地、林地、牧草地保有量要求，进行落实。以上位规划划定的永久基本农田保护区为基础，在保护好生态空间的基础上，落实补充耕地任务和永久基本农田储备区划定成果，守好耕地红线，完善农田水利配套设施布局，保障设施农业和农业产业园发展合理空间，促进农业转型升级。

9.4.1 分区层面

1. 永久基本农田保护区。指为了维护国家粮食安全，切实保护耕地，促进农业生产和社会经济的可持续发展，划定的需实行特殊保护和管理的区域。村庄规划层面主要落实上级国土空间规划已划定的永久基本农田保护地块（图斑），严格执行永久基本农田相关管理规定。在永久基本农田落实过程中，因大比例尺调查精度变化产生的数据差异，应予以说明。

2. 一般农业空间。农业发展区可细分为一般农业区、林业发展区和牧业发展区。

一般农业区。指永久基本农田保护区和村庄建设区外，以农业生产为主导用途，在遵循有关法规以及管制规则前提下，可以适度开发利用的区域。除已划入永久基本农田集中区的耕地外，其余永久基本农田和耕地原则上应划入；现有成片的果园、茶园等种植园用地，畜禽和水产养殖应划入；规划期间通过国土整治增加的耕地和园地应划入；服务农业生产和生态建设的农田防堤林、农村道路、农田水利等农业配套设施，以及农田之

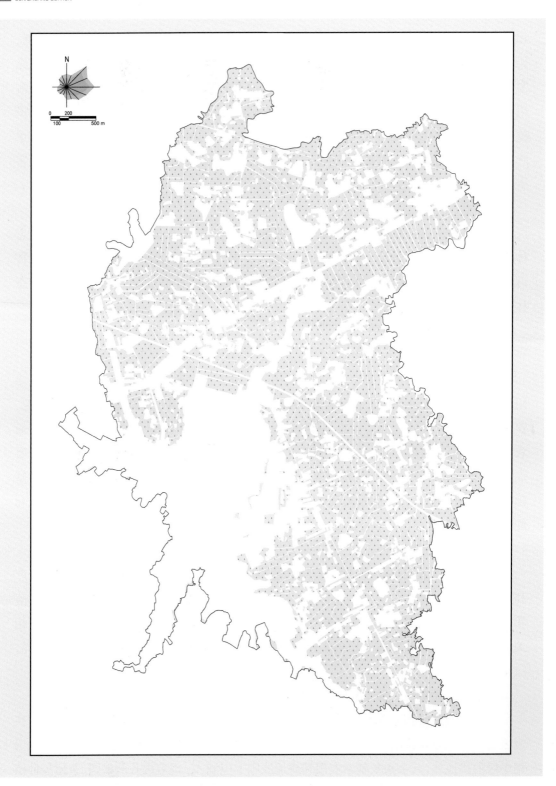

图9-10 南京市河王湖村耕地现状图("三调"数据)
资料来源:南京市规划和自然资源局.南京市六合区河王湖村村庄规划(2020—2035年)(初步成果).

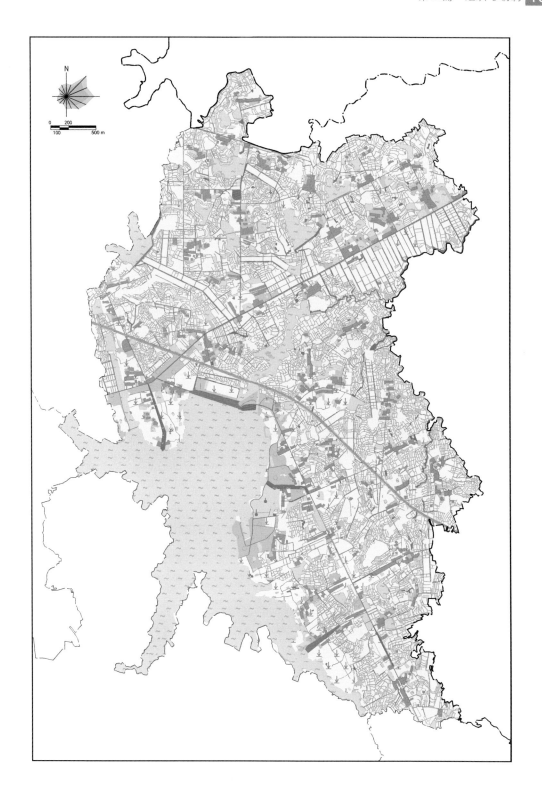

图9-11　南京市河王湖村永久基本农田规划图

资料来源：南京市规划和自然资源局.南京市六合区河王湖村村庄规划（2020—2035年）（初步成果）

间的零星土地应划入。一般农业空间内的各类土地使用,要符合现行农用地、林业用地等对应土地用途管制的相关规定,严格控制各类开发活动占用、破坏。

严格控制一般农业区内的农用地转用,对质量等级较高的耕地、园地、林地等农用地实行优先保护。严格控制各类开发活动占用、破坏。一般农业区内禁止建窑、建房或者擅自采矿、挖沙、取土、堆放固体废弃物;禁止三类工业及涉及有毒有害物质排放的工业新建、改建、扩建,现有企业应逐步关闭搬迁;禁止二类工业新建、扩建,现有项目改建只能在原址进行,并须符合环保部门污染物排放总量控制要求。各地可根据当地实际情况制定一般农业区产业准入清单或负面清单。从严控制一般农业区的建设占用,加强建设活动的监督管理。经批准建设占用区内耕地的,需按照"耕地占补平衡"原则,补充数量和质量相当的耕地。一般农业区内的建设活动以盘活存量、优化结构为主,严格控制增量,增量利用应以发挥农业生产功能为导向;鼓励一般农业区内的废弃工矿和闲置宅基地复垦为农用地,引导农民自愿有偿退出宅基地;加强对新增耕地的管理,对未利用地和废弃工矿宅基地等用地开垦或复垦为耕地的,不得改作其他用途。允许实施农林复合利用,严禁违反规划实施挖湖造景等行为。

9.4.2 用地层面

1. 耕地

落实耕地保护责任制,根据上位规划确定的耕地保有量任务,把坚持严守耕地红线作为村土地利用规划最基本任务,重点做好永久基本农田的划定和保护。落实永久基本农田和永久基本农田储备区划定成果,落实耕地保护任务和补充任务,守好耕地红线,明确永久基本农田地块(图斑)范围、保护要求和管控措施。永久基本农田划定后,要实行最严格的保护制度,采取适当方式向社会公开基本农田保护区坐标位置,设立统一规范的界桩和保护标志,不得随意调整或占用。

统筹安排各类农业发展空间,推动循环农业、生态农业、高效农业发展。完善农田水利配套设施布局,保障设施农业和农业产业园合理发展空间,促进农业转型升级。有需要的,可结合乡村国土空间综合整治,按照高标准农田建设的要求,对田、水、路、林、村空间形态进行控制,对零散耕地和拟复垦地块进行土地整治,对农地流转的规模和范围给予引导,对田块的大小和方向提出设定,对田间骨干工程和主要配套设施的平面布置作出规划,形成规模连片、田块适度、排灌有序、设施完整的耕地和永久基本农田系统,适应规模经营和现代农业生产需要。区内土地以满足农业生产发展为原则,对现有非农建设用地应优先整理、复垦或调整为耕地,规划期内确实不能整理、复垦或调整为耕地的,可保留现状用途但不得扩大面积;区内禁止进行非农建设,不得破坏、污染撂荒区内土地。

对大比例尺调查发现的永久基本农田地块(图斑)内存在非农建设用地或者其他零

星农用地,在村庄规划中应当优先整理、复垦为耕地,规划期内确实不能整理复垦的,可保留现状用途,但不得扩大面积。梳理上级规划确定的重大基础设施项目,尽量避免占用永久基本农田。

2. 林地

指以规模化林业发展为主的区域。包含经济性林业生产的林地,含人工林和次生林;直接为林业生产服务的运输、营林看护、水源保护、水土保持等设施用地,以及用于小型林业相关产业用地;建设项目实施的造林地、通过国土整治增加的林地。已列入生态保护区的林地不得划入。

林地作为重要的自然资源,与生态安全紧密相连,是改善生态环境、扩大生态绿色空间的重要载体,保护林地应与保护耕地同等重要。林地保护区的划定应充分考虑当地经济社会发展对林地的多功能需求,优化林地保护利用结构与空间布局,合理配置林地资源,并加快宜林地造林绿化步伐,可持续利用林地资源。

区内按照林业生产规范和发展规划进行管理,采用适当的封育和采伐措施,发展林下经济和生态旅游,兼顾生态功能和经济效益。林业发展区内土地主要用于林业生产,以及直接为林业生产和生态建设服务的营林设施。区内现有非农业建设用地,应当按其适宜性调整为林地或其他类型的营林设施用地,规划期间确实不能调整的,可保留现状用途,但不得扩大面积。林业发展区内零星耕地因生态建设和环境保护需要可转为林地。未经批准,禁止占用区内土地进行非农业建设,禁止占用区内土地进行毁林开垦、采石、挖沙、取土等活动。

对于以林业为主要产业的村庄,要遵循严格保护、持续利用、优化结构、科学管理的原则,结合当地林业产业发展实际,合理规划林业用地,强化规划实施执行力,以确保林地资源稳定增长,确保村庄产业健康增长,确保村民收入稳定持续。

3. 其他农业用地

(1) 设施农用地

根据上位对于设施农用地管理的要求,结合农业种植布局要求和当地农业经营模式进行设施农用地规划。说明规划生产设施、附属设施和配套设施的用地规模、空间布局,以及新增、保留、复垦及改造要求。允许设施农用地在不占用基本农田以及限定规模与功能的前提下,根据实际情况进行位置调整优化。防止以设施农用地为名规避管理,擅自转为建设用地。

(2) 沟渠

根据农业生产要求,明确规划范围内主要的灌溉与排水方式,提出沟渠的布置要求。村庄规划中进一步完善干渠体系,并对低等级的沟渠提出规划建议。同时完善泵站的配置。

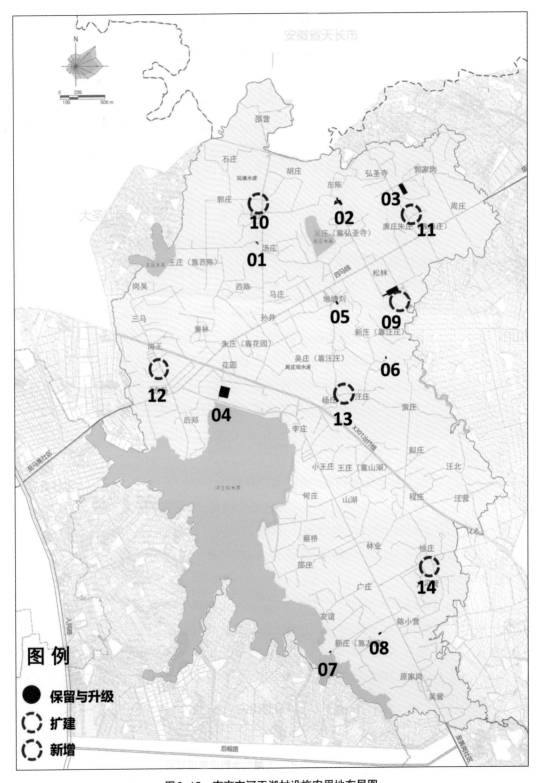

图9-12 南京市河王湖村设施农用地布局图
资料来源：南京市规划和自然资源局.南京市试点村村庄规划(初步成果).

专栏9-1　沟渠规划主要内容（案例）

沟渠功能：河王湖村易干旱，主干渠以灌溉功能为主，其他等级沟渠灌排结合（兼有灌溉与排水功能）。

干渠：完善干渠体系，将河王坝水库中的水经过加压泵站抽水输送到各灌排结合渠中，配套有若干泵站。规划对未硬质化的干渠进行硬质化，新增干渠一条。

其他低等级沟渠：将水输送到各个自然村以及田间，同时兼具排涝的功能。规划结合农用地整理进行沟渠优化和加设泵。

泵站：保留原有一级泵站，结合新增干渠增加一处一级泵站

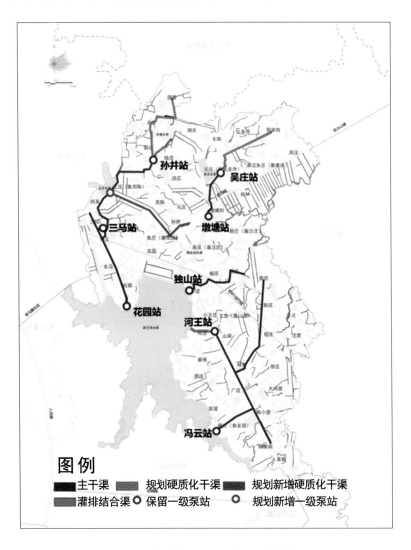

图9-13　南京市河王湖村水利设施规划图

资料来源：南京市规划和自然资源局.南京市试点村村庄规划(初步成果).

（3）坑塘水面

对坑塘进行用途管制,并进行相应的整治修复,充分发挥农业灌溉、水产养殖和生态景观等功能。

专栏9-2 坑塘整治主要内容(案例)

对≤5 000 m²的319个坑塘鼓励清淤、疏浚并进行生态修复,保持良好的水质,严禁往坑塘里倾倒垃圾、建筑渣土。

对≥5 000 m²且≤10 000 m²的53个坑塘鼓励进行驳岸景观化处理,为村民提供基本休闲服务。

对≥10 000 m²的43个坑塘鼓励提升水质,改造为生态养殖坑塘。

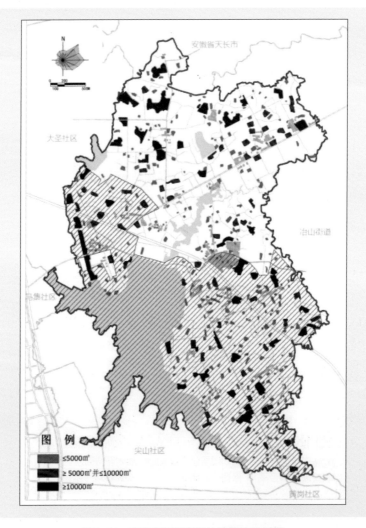

图9-14 南京市河王湖村坑塘整治规划图

资料来源:南京市规划和自然资源局.南京市试点村村庄规划(初步成果).

9.5 村域建设用地布局规划

村域建设空间指一定时期内因乡村发展需要,可以进行开发建设的区域,主要包括需要重点发展的村庄、集镇和保留现状、不再扩大规模的村庄(含集镇),以及其他零星建设用地(非集中建设用地)。用地性质上主要有农村住房、公共服务和公用设施、工业仓储、道路交通等建设用地类型。涉及城镇开发边界的,村庄规划要严格落实城镇开发边界划定成果,不得随意修改。

9.5.1 村域居民点分类引导

按照镇村布局规划确定的自然村庄分类,提出相应的建设用地管控要求。确需调整村庄分类的,应先行修改镇村布局规划。集聚提升类村庄、特色保护类村庄和城郊融合类村庄是规划发展村庄,是乡村地区经济社会发展和人口集聚的主要空间载体。其中,集聚提升类村庄允许结合村民建房和提升公共服务等需求,新增适当规模的农村住房、公共服务设施和市政公用设施等用地;特色保护类村庄应按照风貌保护和特色塑造等相关要求,妥善安排各类配套设施、景观绿化等用地;城郊融合类村庄可结合自身产业发展和农民建房需求,允许适当新增少量农村建设用地。搬迁撤并类村庄作为实施国土空间综合整治、城乡建设用地增减挂钩、工矿废弃地复垦利用等的重要区域,应保障其日常所需的水、电、环境卫生等基本的生活服务需求,有序推进搬迁撤并工作。其他一般村庄原则上不允许新增建设用地,待分类明确后再按照上述对应村庄分类进行规划管控。要严格控制村庄建设用地规模,加强台账管理,避免出现"人减地增""规划减量、实际不减"等情况。

不同类型村庄应根据自身土地利用结构特点和村庄未来发展趋势,制定科学合理的土地利用发展战略[①]。集聚提升类村庄、特色保护类村庄和城郊融合类村庄是规划发展村庄,是乡村地区经济社会发展和人口集聚的主要空间载体,可在不突破村庄(行政村)建设用地规模的前提下,优化建设用地布局支撑村庄发展空间需求。

(1)集聚提升类村庄。该类村庄土地利用规划的首要任务是协调产业布局与农用地保护之间的关系,产业用地应优先在存量建设用地或未利用地中选址,提高村庄土地资源利用的节约集约水平。可结合农民建房和提升公共服务等需求规划新建住宅、公共服务设施、市政公用设施和集体经营性建设等用地,但应注意集聚规模适度。规划可预留产业发展用地指标,调整布局不合理的产业用地。村庄应明确产业发展的方向和开发强度,并制定产业准入标准,以强化产业管理和产业准入门槛。加强土地利用的空间管控,

---

[①] 李高峰.不同类型村庄土地利用结构优化及空间管控研究——以和林格尔县为例[D].呼和浩特:内蒙古师范大学,2019.

保护优质农田以及生态环境,避免出现占用基本农田以及破坏生态环境的现象,从而保证产业和村庄全面发展的可持续性。

(2)城郊融合类村庄。城郊融合类村庄应立足于近郊区位优势的特点,通过承接城镇辐射,适度发展城郊相关产业,达到振兴村庄经济的目的。该类型村庄土地利用应综合考虑城镇化、工业化和村庄自身发展需要,加快城乡产业融合发展、基础设施互联互通、公共服务设施共建共享。突出协调各类建设用地与农用地之间的关系,加强空间布局管控,逐步做到城乡统筹发展,实现城乡一体化土地利用管理目标。

(3)特色保护类村庄。特色保护类村庄应重点发展以农业和农村为载体的新型生态旅游业,要结合农林牧渔生产、乡村文化、农家生活等为人们提供休闲、观光的生活功能。该类型村庄土地利用规划要强调保持村庄整体格局风貌,并加强对村庄现有文物古迹、历史建筑以及自然田园景观等的保护,在保护村庄生态环境以及原有格局风貌的基础上,还应改善村庄基础设施和公共环境用地,以满足村庄旅游业发展的需求。可适度预留特色农家乐、农林牧产品生产和加工等产业用地,保证休闲观光旅游产业持续带动乡村经济发展。

(4)搬迁撤并类村庄。搬迁撤并类村庄是指位于生存条件恶劣、生态环境脆弱、自然灾害频发等地区的村庄以及人口流失较为严重的村庄,该类型村庄应以保障农民生计与改善人居环境为目标,通过实施城乡增减挂钩、村庄拆迁归并、引进扶贫产业等形式,全面改善农村农民的生产、生活与生态条件,实现乡村振兴的目标。该类村庄土地利用规划应充分挖潜农村集体建设用地潜力,可通过土地综合整治,对退出的宅基地进行整理复垦,将退出的建设用地指标进行统一规划,优先用于迁入或新建村庄的基础设施和公共服务设施的建设,统筹合理安排各类用地,以优化村庄土地利用结构。应严格控制新建、扩建等行为,拆迁归并后的村庄原址,可通过土地整治恢复为农用地或生态用地,以增加村庄生产生态空间。

(5)一般类村庄。农业主导型村庄以农业为主导产业,应加快农业现代化的建设,扩大农用地利用规模,实现规模农业及提高农业用地利用率,丰富农业产业链,以提高农民农业经济收入、保证粮食安全为目标。该类村庄土地利用规划应以高标准农田建设和农田整治为主,优先保障农用地的需求,严格控制建设用地占用耕地。原则上不允许增加建设用地规模,待分类明确后再按照上述对应村庄分类进行规划管控。同时,应对农村居民点布局进行优化调整,并严格控制农村居民点规模,逐步实现"一户一宅"制度。在加强土地综合整治,积极扩大农业用地新空间,保证基本农田数量稳定和质量不断提高的同时,发挥耕地的生态功能,以保证村庄农业持续稳定发展。

9.5.2 村庄扩建用地的选择

现代农业需要通过整合村庄结构体系,形成集约化的乡村聚落,以保证农业规模化生产与经营①。对于集聚提升类村庄、城郊融合类村庄以及部分特色保护类村庄,根据村域规划和自然村布局优化调整的需要,还可能存在一定程度的村庄居民点扩建需求。这类村庄总体规划的合理布局是建立在对其用地的自然环境条件、建设条件、现状条件综合分析的基础上,根据各类建设用地的具体要求,遵循有关用地选择的原则选择适宜的用地。在进行村庄总平面规划之前,应做好村庄用地评价,以支撑村庄适度扩建方案的用地选择。

关于村庄用地的综合评价,主要内容是在分析、调查、收集所得各项自然环境条件资料、建设条件和现状条件资料的基础上,按照规划建设需要,以及发展备用地在工程技术上的可行性和经济性,对用地条件进行综合的分析评价,以确定用地适宜程度,为村庄用地选择和组织提供科学的依据。自然条件中有多种因素对村庄的建设起着控制性作用,如地质地貌因素限制了村庄建设用地的选址、工程地质和水文地质决定是否可以建设村庄,在村庄建设中必须对其进行深入分析。有关村庄自然环境条件、村庄建设的条件、村庄现状条件分析在多个村庄或村镇规划的文献中已有成熟的分析框架和分析要求,本文不再重复。

村庄建设用地宜选在水源充足、便于排水、通风向阳和地质条件适宜的地段。对于规划发展村和扩张性的村庄规划非常有必要做好村庄用地条件的综合评价工作。村庄建设实施受地表条件直接影响,主要表现为地形地貌。地形地貌是村庄布局考虑的重要因素,尤其是山区地形对乡村地区村庄选址的约束更为突出,地形通常以地面坡度和相对高差等因素加以界定。坡度过大不利于村庄各类设施建设和各种生产生活活动的组织,一般地形坡度25°以上就不宜组织建设,而坡度过小则不利于地表水的排泄和排水管线的建设②。在村庄规划中最常遇到的是占用农田问题,农田多半是比较适宜的建设用地,如不进行控制就会使我国人多地少的矛盾更加突出,因此,村庄扩展用地尽可能利用坡地、荒地、劣地进行建设,少占或不占农田③。根据村庄建设用地评价的结论,明确村庄可建设用地方向后,分析村庄用地组织结构和现状的布局形态,确定村庄规划用地的发展方向和布局形态,使得村庄的总体规划布局保证村庄健康发展。

9.5.3　村落居民点规划引导

村庄居民点用地是指用于村庄建设,满足村庄功能需要的土地,它既指已经建成利用的土地,也包括已列入村庄规划范围但尚待开发建设的土地。村庄规划,要根据经济

① 李和平,贺彦卿,付鹏,等.农业型乡村聚落空间重构动力机制与空间响应模式研究[J].城市规划学刊,2021(1):38.
② 李京生.乡村规划原理[M].北京:中国建筑工业出版社,2018:119.
③ 金兆森,陆伟刚.村镇规划[M].南京:东南大学出版社,2017:71.

和社会发展需要和村庄各项功能活动对用地的基本要求,分析研究村庄发展的自然和建设条件,合理确定村庄用地的规模、范围和发展方向,合理安排各项功能用地并有机组合①。村庄居民点规划允许在乡镇国土空间规划的指导下,按照建设用地规模不增加、耕地保有量不减少、环境风貌不破坏的原则,优化调整乡村各类用地布局。建设用地要本着节约集约利用、相对集中布局的原则进行合理规划,尽可能地不占用耕地和林地,不占用永久基本农田和生态保护林地,鼓励充分利用原有闲置建设用地。

以自然村的村落为单元,重点明确农村居住用地总规模,因地制宜制定新增宅基地户均用地标准、建筑高度、建筑层数等相关控制指标和建筑风貌、农房布局等规划引导要求。用地总量是根据村庄到规划期的总人口规模和本村实际拟定的人均用地标准所确定的。国家颁布的农村人均用地标准为55—150平方米,在人均耕地小于0.7亩的地区,人均用地标准为60—80平方米。

新建农房要优先利用规划发展村庄内的空闲地、闲置宅基地和未利用地。搬迁撤并类村庄和其他一般村庄内原则上禁止新建农房,但应通过安置或货币补偿等其他方式落实"一户一宅"要求。宅基地的安排要严格按照国家"一户一宅"政策和各地宅基地面积标准规定,结合村庄的人口规模和变化趋势,合理确定用地规模。在确定村庄宅基地规模的基础上,进行优化布局,尽可能地利用村内未利用地、空闲地、闲置旧宅基地,尽可能地将宅基地集中连片规划,方便安排公共基础设施用地,同时兼顾居住环境优美、居民生活方便、农业生产便捷、体现地方特色等原则。人口较多且集中、经济比较活跃的村庄,可以结合道路交通、产业结构布局进行安排宅基地,以充分发挥宅基地的资产功能作用。宅基地安排上,还可以根据地方特色统一规划建筑风貌、建筑高度等内容,例如徽派风格、闽南红砖风格、乡村别墅风格等。

村庄建设范围土地利用规划应着重考虑建筑空间与自然环境的和谐,并在规划中注重建筑布局与地形的结合。村庄建设用地应明确住房、道路、主要公共服务设施和市政公用设施等用地布局及指标的管控要求,作为规划许可的依据,达到详细规划深度。考虑到实际操作性,目前各地开展的"多规合一"的实用性村庄规划试点工作在村域用地布局引导基础上,主要根据村庄布点规划和引导要求,明确各类村庄的布点和居住用地形态边界,对自然村内部功能不再细分,对于需要拆除的村庄标注村庄控制区。一般对集聚提升类村、城郊融合类村等建设需求较大的村庄进行村庄总平面布局规划,明确农村宅基地布局、生产生活设施布局和道路布局,区分现状和新增建设用地,作为引导村庄建设改造的总平面布局。

在考虑村庄规划布局形态方面,既要贯彻落实上位规划和相关生态保护、耕地保护

---

① 金兆森,陆伟刚.村镇规划[M].南京:东南大学出版社,2017:62.

的要求,也要基于村庄合理布局的角度和高品质设计的角度,仔细斟酌村庄合理的布局形态[①]。

（1）兼顾生活生产生态。统筹考虑当地村民的生活、生产需求和生态保护需要,合理安排生活、生产、生态的用地关系,避免不恰当的分离与分隔。特别要避免为了统计口径的节约用地,而将生产、生态用地分离出村庄的错误做法。引导村庄与自然有机融合、和谐共生。山、水、田园、植被体系在村庄肌理中应予以保护。通过对村庄形态的引导改善居民的生活环境品质,塑造村庄良好的景观效果,同时,注重对村庄生态环境的保护,避免对环境的污染和破坏。

（2）城乡分开、乡土和谐。应按照村庄的民俗文化、地形地貌、环境植被等具体地域特点引导村庄形态,在充分尊重文化传统、自然环境的基础上,形成显著区别于城市的村庄文化特色和空间特色。避免采用城市化的方法,简单地套用城市做法和标准,对村庄进行大拆大建,粗暴地改造地形地貌。充分利用现状自然条件,灵活布置各类设施。尽量保护现有河道及池塘水系,必要时加以整治和沟通,以满足防洪要求,驳岸应随岸线自然走向,修饰材料应尽量选用乡土自然材料,并与村庄绿化相结合。

（3）经济适用。规划对村庄形态引导必须充分考虑当地的经济承受能力,以实用为根本出发点,在有限的资源条件下,合理进行建设投入,改善村庄生活、生产条件和生态环境质量,避免华而不实、铺张浪费。大力运用乡土树种,重视庭院绿化,因地制宜地营造乡村风景。

（4）合理布局。村庄用地布局应该适当地紧凑集中,体现村庄"小"的特点;尽量不要套用城市总体规划布局的模式,体现村庄形态的特殊性。村庄内的公共用地规划主要涉及基础公共服务设施用地、道路交通用地、公园绿化用地,可以进一步细化具体到村委会、教育、卫生、医疗、文化、公园等设施以及道路交通、水电气通信设施等用地。公共用地规划需落实上位规划要求,结合村庄区位条件、经济条件、人文环境和今后发展定位,以人口为基础进行合理规划。如在交通用地规划上,要衔接好上位规划的用地布局和规模,依据村庄实际制定与过境公路的连接道路,以及村庄集聚点之间连接线的方案,提出现有道路设施的改造和修建措施,从而明确交通道路的走向、等级和用地安排。对于公园绿化用地,宜在规划村庄人口集聚点周边布局,并注重与周围环境相协调,将村庄与自然有机融合,并体现地方特色。

村庄规划还应明确新增村庄建设用地规模、户均宅基地面积、公共服务设施用地规模、基础设施用地规模等核心指标。对于存量工矿用地较多、上位规划要求撤并的情况下,要研究落实存量利用建设用地规模和减量用地的布局。

---

① 张泉,王晖,梅耀林,等.村庄规划[M].北京:中国建筑工业出版社,2009:72.

9.5.4　村庄建设用地管控

村庄建设用地应明确居住、道路、商业、工业、仓储等集体经营性建设用地,主要公共服务和公用设施等用地布局和必要的指标管控要求,作为用地审批和规划许可的依据。

1. 居住用地

重点明确居住用地规模和布局,合理保障农民建房需求,因地制宜制定宅基地户均用地标准、建筑高度、建筑层数等相关控制指标和建筑风貌、农房布局等规划引导要求,严格执行"一户一宅"。

新建农房要优先利用规划发展村庄内的空闲地、闲置宅基地等现状建设用地,原则上禁止在搬迁撤并类村庄内新建或翻建农房,禁止在其他一般村庄内新建农房。

2. 公共服务和公用设施用地

公共服务和公用设施要根据实际管理需要明确具体位置,鼓励各类设施共建共享、复合利用。有条件的可细化提出用地边界、建设规模、建筑高度、安全防护等相关规划管控要求。

3. 集体经营性建设用地

统筹安排商业、工业和仓储等集体经营性建设用地规划布局,优先做好存量集体经营性建设用地规划安排,严格控制新增集体经营性建设用地规模。有需要的,可增加规划管控图则,明确集体经营性建设用地性质、位置、边界、容积率和建筑高度等开发控制指标,为集体经营性建设用地入市做好规划保障。允许在保证耕地保有量不减少、建设用地规模不增加的前提下,按照节约集约的原则,采取布局调整等方式合理利用存量集体经营性建设用地。集体经营性建设用地规划应符合产业政策和环保、安全等要求,优先用于农村一二三产业融合发展项目,不得用于商品住宅开发建设。

9.5.5　区域性用地和零星建设用地布局

综合考虑村镇分布、产业发展和社会民生建设等因素,落实规划确定的采矿用地和其他独立建设用地的规模和布局范围;落实上级规划提出的交通、公用设施、水利、能源等基础设施项目的选线或走向。上级规划确定的交通、基础设施及其他线性工程,军事及安全保密、殡葬、综合防灾减灾、战略储备等特殊建设项目,郊野公园、风景游览设施的配套服务设施,直接为乡村振兴战略服务的建设项目,以及其他必要的服务设施和民生保障项目等,应在村庄规划中进一步落实具体的规模和边界。暂时不能落地的,可提出意向性的位置或控制范围,或采取规划"留白"管控,纳入项目清单管理。

由于区位、资源条件和经济发展模式的差异,我国乡村地区也并非都是简单的农业生产和农民居住空间,很多乡村地区存在比较强的工业和休闲旅游功能,比如江苏苏南地区,由于历史上乡镇企业比较发达,加上二十世纪九十年代后外向型经济的发展,不仅乡镇地区工业非常发达,甚至在一些村庄和乡村地区都出现了较多的乡村工业和都市休

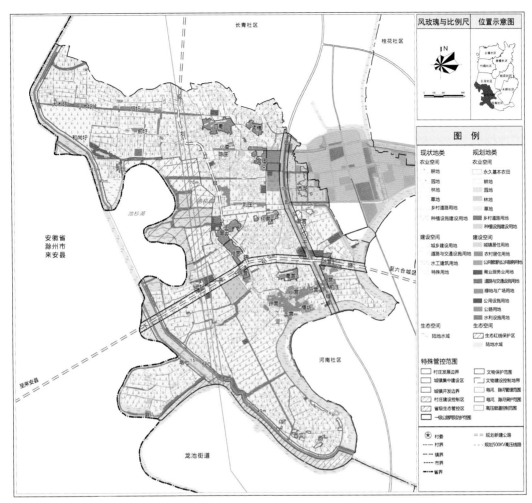

图9-15　南京六合区程桥街道金庄社区村庄规划图

资料来源：根据项目实践自绘

闲设施。据统计，2016年末苏南地区乡村建筑中生产建筑占比高达22.96%，部分乡镇工业发达的乡村高达40%以上。针对此特征，只关注中心城区和镇区的空间引导的规划难以使城乡规划真正起到战略引领和刚性管控作用。又如，作为特大城市的近郊，南京市江宁区发挥靠近中心城区的优势，依托生态农业资源和传统村落，特色农业和旅游休闲产业发展需求强劲，但现有的规划编制成果对乡村地区非农产业用地需求还缺乏有效的规划引导和管理手段。

顺应我国乡村地区发展趋势，进入工业化中后期，我国的乡村地区尤其是都市周边地区的村庄应定位为集粮食生产、生态安全、休闲旅游于一体的新空间。要按照"生态+""文化+"理念，引导乡村地区嫁接新经济，引导乡村新经济业态发展，通过美丽乡村建设，发展乡村旅游，带动乡村活力。在一些大城市、特大城市周边地区，在保护好生态红线区和永久基本农田，确保生态和农业主体功能的基础上，鼓励乡村空间的多元化利用,结合重点生态片区培育骑行、登山、徒步等户外运动休闲产业,结合自然景观资源培育观光、游憩、民宿等乡村旅游产业。为此,对这些有乡村旅游需求的村庄,在编制村庄规划时,应充分考虑做好零星建设用地规划布局引导。要落实县(市)、乡镇国土空间规划明确的非村庄类的零星建设用地的规划要求,在村庄规划中结合产业发展策划和社会资本投资需求,提出零星建设用地的空间布局模式,根据需要对零星建设用地的边界进行微调。对于未明确或后续变动较大的项目,可采用虚位表达选址范围,并通过明确选址范围内建设用地规模的方式进行管控,待后续建设项目明确后,通过村庄控制图则动态更新的方式,落实项目用地布局。针对村庄规划中保留扩建村以及一二三产融合项目的规划引导,江苏省和南京市要求通过控制图则的方式,明确规划控制主要指标和要求,批准后作为对这些建设行为实施用途管制的依据(具体内容见本书第11章)。安徽省以规划期内需要建设的中心村、新扩建居民点以及重点打造的农业园区、旅游景区等区域作为规划重点区域,设计总平面深度要求,指导下一步项目规划设计和建设审批。

此外,针对某些需要实施拆旧减量的村庄,可以通过建设用地增减挂钩,逐步引导外围布局散乱、效益不高、配套不足、环境影响大的低效用地减量和复垦,置换到发展条件更优、资源承载更强的规划可建设用地范围内,优化全域建设用地布局,提升土地使用效益。

9.5.6 规划"留白"用地布局

根据国家相关政策规定,为加强村庄规划管理的适度灵活性,对一时难以明确具体用途的建设用地,可采取"留白"处理,暂不确定具体规划用地性质。在村庄规划中可预留一定比例的建设用地机动指标(不超过5%),用于农民住房、农村公共公益设施、零星分散的乡村文旅设施及农村新产业新业态等项目。

一种方式是完整落图。在符合上位规划的基础上,如规划期间能明确的项目(公益类、设施类),可完整落图,作为项目建设审批依据。

第二种方式是部分落图或"留白"。对无法明确内容或后续变动较大的项目(如农民相对集中居住点、经营性用地等),可采用部分落图方式、"点位"控制或留白的方法,表达项目的类别和意向性位置,并纳入项目清单管理。留白的机动指标可不在规划图中表达具体的边界,但应在规划指标表中体现。在村庄规划设计阶段或待后期建设项目明确后,再确定具体边界、规模和相应的规划管控要求。如未来建设规模在不占用永久基本农田和生态保护红线、符合用途管制规则、符合村庄规划指标范围(含留白指标)时,可以增补图则的形式进行落地。建设项目规划审批时落地机动指标、明确规划用地性质,项目批准后更新数据库并纳入国土空间规划"一张图"系统。

如建设需求超过指标需求,则无法落实,应先行修改上位规划。

表9-3 土地用途结构调整表

分类			基期年		目标年		规划期内增减（公顷）
			面积（公顷）	比重（%）	面积（公顷）	比重（%）	
农林用地		耕地					
		园地					
		林地					
		牧草地					
		其他农用地					
建设用地	城乡建设用地	居住用地					
		其中 城镇住宅用地					
		农村住宅用地					
		农村生产生活服务设施用地					
		公共设施用地					
		商服用地					
		工业用地					
		仓储用地					
		道路与交通设施用地					
		公用设施用地					
		绿地与广场用地					
		留白用地					
	其他建设用地	区域基础设施用地					
		特殊用地					
		采矿盐田用地					
自然保护与保留		湿地					
		其他自然保留地					
		陆地水域					
村域土地总面积							

备注：根据上级规划要求和实际需要可适当调整本表内容。

　　根据各类空间和用地的规划布局思想和原则，最终实现对村域各类国土用途结构的优化。按照土地用途分类的三大类划分，明确农林用地、建设用地、自然保护与保留三大类用途，明确各类土地用途从现状年至规划目标年的增减情况，明确农林用地、建设用地、自然保护与保留用地三类土地用途分类的变化情况。以土地利用规划图为依据，形成土地利用规划一览表，主要表达各类土地利用总量与土地利用结构的增减情况。

10.1　道路交通系统

村庄道路规划应与县（市）、乡镇国土空间总体规划等上位规划及交通等其他专项规划协调，实现社会效益、经济效益和环境效益的统一，坚持"以人为本"的原则，营造与村庄经济社会发展相适应的交通环境，建立功能齐全的道路网结构，促进村庄可持续发展。

10.1.1　概念和基本原则

1. 基本概念

村庄道路按照在道路网中的地位、交通功能及对沿线的服务功能，一般分成村干路、村支路、巷路、田间道四个等级。

村干路：与公路、市政路连接的道路，解决一个或者多个村庄的对外交通。

村支路：与村干路或巷路连接，自然村或村民较为集中的居住地内部的道路。

巷路：村民宅前屋后与村支路的连接道路。

田间道：连接村庄与田块的道路，满足农业物资运输、农业机械化作业的需求。其中，生产路为人工田间作业和收获农产品服务。

2. 一般原则

村庄道路交通与城镇道路交通有很大的不同，必须根据村庄的

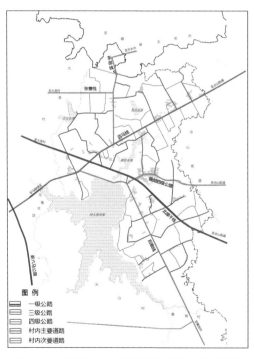

图 10-1　南京市六合区河王湖村道路交通规划图

资料来源：南京市规划和自然资源局.南京市六合区河王湖村村庄规划（2020—2035年）（初步成果）.

特点,因地制宜,切不可盲目套用城镇的有关技术标准。村庄道路系统应与城乡道路体系、公路体系融为一体,合理衔接。

村庄道路系统由对外道路系统、村内道路系统、田间道路系统和村庄绿道系统共同组成,应处理好四者的关系,加强四者之间的衔接。

村庄道路宜结合村庄的山林资源、人文资源、田地资源等,预留慢行交通的空间,创造良好的旅游休闲环境。

对交通有特殊要求的村庄,村庄道路的技术标准应根据村庄的实际交通需求确定。

村庄的道路面积占村庄建设用地的比例宜为9%—16%,人均道路面积宜为10—18 m²/人。

10.1.2　村庄对外交通

村庄对外道路系统承担村与村、村与乡(镇)的交通联系作用,要落实上位规划确定的县(市)、乡镇总体规划确定道路交通设施布局,做好与村庄内部道路系统之间的衔接。应保证各个相对独立的行政村与所属镇(街道)、县(市)行政中心之间至少有一条道路相贯通。

对外联系通道可为各等级的公路、城市道路等,也可为村庄内部的主要交通干道。对外联系通道应尽量位于村庄边缘,并与村庄建设用地范围之间预留发展所需的距离,避免单一的夹道发展模式。

应减少对外联系道路的开口设计,因地制宜制定与过境公路的连接道路,确保道路的交通功能,保证其交通畅通和安全。

10.1.3　村庄内部交通

1. 基本原则

村内道路规划应以现有道路为基础,顺应现有村庄格局,结合自然条件与现状特点,做到通村及村内路网布局合理,主次分明。

村内道路宜以环成网布置,增加道路可达性。同时,应使消防车能方便进出,增强防灾疏散能力。

村内道路可结合村庄具有的山林资源、人文资源、田地资源等,合理规划慢行通道,创造良好的旅游休闲环境[①]。

2. 道路网布局

村庄道路除了交通作用,还具有形成村庄结构、提供生活空间、体现村庄风貌、布置基础设施等多方面功能,为村民日常交往提供了空间,街道、巷弄是人们交往机会最多的地方[②]。因而,村庄道路尤其是村庄内部道路布局要与村庄用地布局、公共设施布局规划

---

① 广州市国土资源和规划委员会.广州市村庄道路规划技术指引(试行)[Z],2018.6.
② 张泉,王晖,梅耀林,等.村庄规划[M].北京:中国建筑工业出版社,2009:51.

进行充分协调。

不同于城市道路,村庄道路的特点一是承担的交通量较小,道路断面比较简单,一般采用一块板的形式;二是只要方便到达每家每户即可,多数可采取尽端式道路,而不需要城市道路那样复杂的系统[①]。根据村庄的不同规模和集聚程度,选择相应的道路等级与建设标准。规模较大的村庄可按照干路、支路和宅前路进行分级设置,规模较小、用地紧张的村庄可酌情确定道路等级与建设标准,道路的功能可以是混合的,甚至可以不分等级。

以满足村民出行为前提,以现状路网为依托,确定村庄路网体系。应保留村庄原有路网形态和结构,结合当地的自然地理环境、村庄空间肌理和现代生活的需要,因地制宜采取相应的布局形式,如"一字形""并列形""鱼骨形""网格形""环形""自由形"等[②]。村庄内

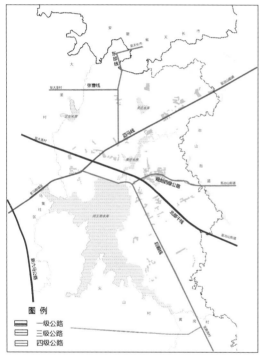

图10-2 南京市六合区河王湖村对外交通规划图
资料来源:南京市规划和自然资源局.南京市六合区河王湖村村庄规划(2020—2035年)(初步成果).

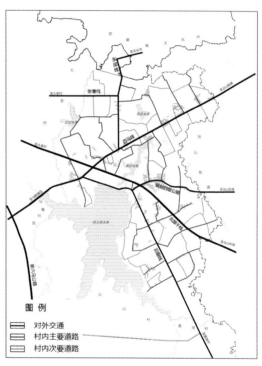

图10-3 南京市六合区河王湖村村内道路规划图
资料来源:南京市规划和自然资源局.南京市六合区河王湖村村庄规划(2020—2035年)(初步成果).

主要道路出入口不得少于两处,且宽度必须满足汽车及消防车通行要求。村内次要道路规划应保证居民点与田间有方便的交通联系,线路直,往返距离短,可以顺利达到每一个耕作田块,应沿田块边界布设,并与渠道、护田林带相协调。同时,应注意与干路取得衔接,以便

① 张泉,王晖,梅耀林,等.村庄规划[M].北京:中国建筑工业出版社,2009:51.
② 同上注。

形成统一的农村道路网。田间道路系统应以现有田间肌理为基础，使居民点、生产经营中心、各轮作区和田块之间保持便捷的交通联系，路线宜直且短，确保农机具能到达每一块耕作田地。

村干路采用四级公路的设计标准，保证双向通行的需求，并做好竖向规划，预留必要的管道位置。路幅宽度采用6.5—8米。村支路一般采用准四级公路的标准，单向或者双向通行，路幅宽度采用4—6.5米。可根据实际情况设置错车道，错车道路面宽度不应小于5.5米，有效长度不应小于10米。巷路路幅宽度控制在2—4米为宜，有消防需求的巷路应满足《农村防火规范GB50039—2010》中规定的4米消防通道宽度的要求。

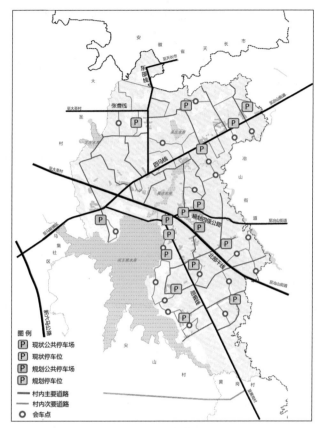

图10-4 南京市六合区河王湖村停车场及会车场地规划图
资料来源：南京市规划和自然资源局.南京市六合区河王湖村村庄规划（2020—2035年）（初步成果）.

表10-1 道路宽度标准

规划技术指标	道路等级		
	干路	支路	宅间路
路面宽度	4—6米	2.5—3.5米	2—2.5米

根据规划设计深度需要，可细化明确各类道路宽度和断面形式，提出道路沿线廊道控制、建设退距、绿化景观等管控要求。

道路路面材料的选择主要考虑经济性、乡土性、生态性和适应性。村庄主、次要道路宜选用水泥混凝土路面，非旅游型村庄，不鼓励使用沥青路面。宅间路可因地制宜选取乡土材料铺装，如卵石、石板等。

3.停车场地

停车安排主要解决生产性停车需求，兼顾其他停车需求，结合村庄的布局结构形态，综合确定停车设施的数量、种类和位置。充分结合公共广场、路边等用地,因地制宜规划布局停车场地。规模较大村庄的停车场宜分散布置。规模较小的村庄可结合村庄出入口,选择靠近村庄边缘地带设施集中停车场地。农用车停车场地、多层住宅停车场地宜集中布置,低层住宅停车可结合农房宅院、宅前路分散布置。村庄道路宽度超过5米的可适当考虑部分路内停车。

有特殊功能(如乡村旅游)的村庄,要考虑停车安全和减少对村民的干扰,可结合旅游景点,或在村口、公共活动中心等附近集中布局一定规模的停车场,也可因地制宜设置用地复合的季节性停车场。

停车场地鼓励采用生态停车场方式。生态停车场指利用透气、透水性铺装材料铺设地面,种植果树、花木、灌木等进行停车分隔,将停车与村庄绿化有机结合,既能满足停车的功能需求,也能发挥生态绿化作用。生态停车场可以利用村内闲散用地、村内绿荫覆盖地等零散布置,避免占用基本农田。对于旅游型村庄,可在村口、村公共活动中心等地集中布置大型生态停车场,并完善相应的配套设施,做好对外的交通衔接。

10.1.4 村庄绿道系统

对于有旅游功能的村庄或者是处于区域性绿道系统上的村庄,应结合资源条件和道路交通系统进行绿道规划设计。

村庄绿道应独立设置,选线可依托省道、县道、乡镇以及村内道路,还可以利用风景区道路、田间道路及废弃道路等。

村庄绿道应做好与公路、城市道路有机衔接,通过绿道经过的公路、城市道路两侧设置自行车道和人行道的方式实现绿道与公路、城市道路的衔接;通过客运站、停车场周边的接驳点与静态交通衔接。

车行道路为单车道时,应根据实际,间隔200—300米布局会车场地,方便会车。

10.2 公共服务设施

10.2.1 村庄公共服务设施的内容及类型

针对公共服务设施,国家规范和相关政府文件从不同角度给予了一些内涵界定。《城市规划基本术语标准》(GB/T 50280—98)和《城市公共服务设施规划规范》(GB50442—2008),以及与乡村地区最为接近的《镇规划标准》(GB 50188—2007),主要从"(城市)公共设施用地"的角度给予了穷举式的界定。2012年国务院颁布的《国家基本公共服务体系"十二五"规划》则做出了更为系统的界定,提出了基本公共服务的概念,即"建立在一定社会共识基础上,由政府主导提供的,与经济社会发展水平和阶段相适应,旨在保障全体公民生存和发展基本需求的公共服务"。

村庄公共服务设施内容多样,一般有以下几类:用于行政管理功能的行政设施、教育功能的幼儿园和中小学等、文化功能的图书室和信息室等文化设施、体育功能的体育设施和场地等、卫生功能的医疗保健设施、民政功能的社会福利和保障性设施,以及商业功能的集贸市场和零售店铺等设施。在设施内容配置上注重适应社会发展变化,对过去不太重视的社会福利、文化教育等民生类设施以及垃圾收集处理、公共卫生等市政设施进行补齐完善;结合"千村万店"等便民工程和物流配送业的快速发展,有针对性地增加村庄物流配送点配置。一般按照使用功能,将农村公共服务设施分为政务服务设施、公共教育设施、医疗卫生设施、文化体育设施、社会服务设施、公共交通设施、市政公用设施、生活服务设施以及公共安全设施等九类。

表10-2 村庄公共服务设施配置不同类别及设置项目参考表

类别	综合配置设施		基本配置设施	
	设置项目	配置要求	设置项目	配置要求
一、政务服务	便民服务中心	★	——	——
	村务公开栏	★	——	——
二、公共教育	幼儿园(托儿所)	☆	——	——
三、医疗卫生	卫生室	★	卫生室	☆
四、文化体育	综合性文化服务中心	★	文体活动室	☆
	村史馆	☆	——	——
	文体活动场地	★	文体活动场地	★
	小游园	★	小游园	☆
	农村文化礼堂	★	——	——
五、社会服务	居家养老服务中心	★	居家养老服务站	☆
	残疾人之家	☆	——	——
六、公共交通	镇村公交	★	镇村公交	☆
	公共停车场	★	公共停车场	☆
七、市政公用	自来水供应	★	自来水供应	★
	生活污水处理	★	生活污水处理	☆
	垃圾收集点	★	垃圾收集点	★
	再生资源回收点	☆	——	——
	公共厕所	★	公共厕所	★
	邮政代办点(快递服务站)	★	——	——
	移动通信基站和光纤交接点	☆	——	——
	主要道路路灯	★	主要道路路灯	★

续表

类别	综合配置设施		基本配置设施	
	设置项目	配置要求	设置项目	配置要求
八、生活服务	便民超市	★	便民超市	☆
	菜市场	☆	——	——
	农村电商服务站	☆	——	——
九、公共安全	综治中心	★		
	警务室	★	警务室	☆
	防灾避灾场所	★	防灾避灾场所	★

注:"★"表示宜配置,"☆"表示有条件配置,"——"表示不宜配置。

表10-3 农村基本公共服务设施设置内容对比一览表

规范标准导则	设置内容
《江苏省村庄规划编制指南(试行)》	政务服务、公共教育、医疗卫生、文化体育、社会服务、公共交通、生活服务、公共安全等
《安徽省村庄规划编制技术指南》	管理、教育、文体、医疗卫生、社会福利、环境卫生、商业、物流配送、集贸市场等
《湖南省村庄规划编制导则(试行)》	公共管理、教育、医疗卫生、社会福利、文体、农业生产服务等

10.2.2 公共服务设施的配置原则及布局

1.配置体系和配置内容

村庄基本公共服务设施的配置体系,应落实上级规划和相关公共服务设施配置要求,按照城乡一体化要求和缩小城乡居民基本公共服务差距的目标,以及"基本公共服务均等化供给、设施分类差别化布局"的原则,统筹考虑自然村庄分类、服务人口规模、设施服务半径和村民实际需求等因素综合确定。要结合村庄组团散点式布局特征,制定符合乡村地区特点的城乡公共服务设施配置标准,因地制宜、全域覆盖推进城乡服务设施配套均等化。

公共服务设施的配置类别、数量和规模,应根据村庄的不同需求各有侧重。原则上根据中心村—基层村两级结构,按照"一级新社区(中心村)—二级新社区(自然村)"的两级体系,结合人口分布密度,确定设施服务功能和建设规模。

一级新社区相比二级新社区,功能更为完善,基本公共服务设施配套更为齐全,规划人口规模一般在1 000—5 000人左右(300—1 500户),设施以行政村村域的居民为主要服务对象,配置综合配套设施尤其是政务类、教育类服务设施,提供相对齐全的日常生产生活服务项目。一级新社区一般为行政村村委所在地或中心村。公益性公共服务设施通常按照村庄规模配置,村委会、幼儿园、文化站、医疗站等服务设施宜设置于规模较大、位置适中、基础条件较好、交通便利的自然村(多数情况下也为中心村,村委会所在地),方便本行政村的各自然村村民使用①。

二级新社区是农村地区配置最基本公共服务设施项目的居民点,规划人口规模一般在300—1 000人(100—300户),设施主要服务较大行政村内一级新社区公共服务供给未能覆盖的地区,配置基本配套设施,提供最基本的日常生产生活服务项目。

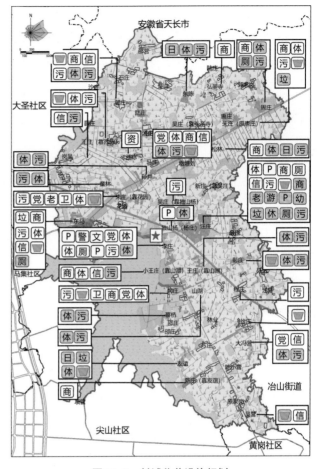

图10-5 村域公共设施规划

资料来源:南京市规划和自然资源局.南京市六合区河王湖村村庄规划(2020—2035年)(初步成果).

表10-4 公共服务设施分级设施一览表

	一级新社区	二级新社区
规划人口规模(人)	1 000—5 000(300—1 500户)	300—1 000人(100—300户)
服务范围	本社区及周边若干二级新社区	本社区
特征	服务功能完善和综合,公共设施配套体系更为齐全	协同一级新社区实现乡村基本公共服务全覆盖

从村庄动态发展引导角度,公共服务设施的配置应体现村庄分类的差异。一级新社区公共设施配置在行政村村部所在地或中心村,也基本上为规划的保留村或发展村,二

① 张泉,王晖,梅耀林,等.村庄规划[M].北京:中国建筑工业出版社,2009:51.

级新社区公共设施的配置结合集聚提升类村庄、特色保护类村庄、城郊融合类村庄设置。对于人口规模低于二级新社区配置人口门槛的上述三类村庄,可不纳入分级配建范围,而通过提高交通可达性,提高新社区服务覆盖范围的方式来解决其基本的公共服务供给

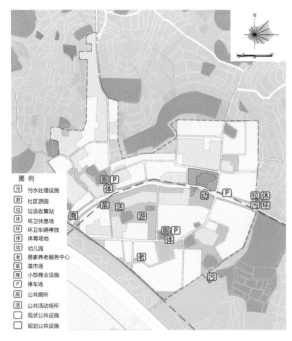

图10-6　一级新社区公共设施规划

资料来源:南京市规划和自然资源局.南京市六合区河王湖村村庄规划(2020—2035年)(初步成果).

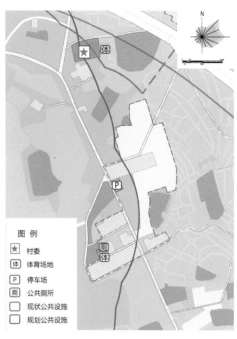

图10-7　二级新社区公共设施规划

资料来源:南京市规划和自然资源局.南京市六合区河王湖村村庄规划(2020—2035年)(初步成果).

问题。靠近城镇的村庄,可根据与城镇生活服务中心距离的远近,优化调整公共服务设施配置内容和标准。新增公共服务设施应统筹考虑行政村管辖范围、设施服务范围等因素,优先配置在规划发展村庄,以引导留乡留村农民向规划发展村庄集聚和适度集中居住。搬迁撤并类村庄和其他一般村庄原则上不再新建公共服务设施,但要满足其日常所需的基本生活服务需求,其配套设施内容可参照下表执行。鼓励相邻村庄联合配置公共设施,实现共建共享。

表10-5　一二级新社区与村庄分类的衔接

村庄类别	设施类型	设施项目
特色保护类村庄	历史文化保护设施	具有历史保护价值的街区、建筑和环境小品等设施、保护监控设施、文化地标标识牌
	农业生产服务设施	农业用具存放设施,农业种植、养殖设施,农业科研、试验、培训设施,农业生产防治、检疫设施,小型物流基地

村庄类别	设施类型	设施项目
特色保护类村庄	旅游服务设施	游客服务中心(含旅游咨询、文化宣传、导游等)、旅游厕所、旅游集散中心(对内、对外交通,预留新能源汽车充电设置)、旅游标示和导识系统
	旅游消费设施	特色餐饮设施、饭店、酒楼、特色旅店设施、宾馆、酒店、特色商业设施、文化表演设施、游乐设施
其他一般类村庄		原则上不再新建公共服务设施
	公共教育	幼教点
	文化体育	文体活动场地
	市政公用	垃圾收集
	环境保护	绿地
	生活服务	便民超市
搬迁撤并类村庄		原则上不再新建公共服务设施
城郊融合类村庄		设施共享共建,可根据与城镇生活服务中心距离的远近,优化调整公共服务设施配置内容和标准

2. 公共设施布局

公共服务设施应结合现状,宜集中布置在位置适中、内外联系方便、服务半径合理的地段。

(1)结合主要道路带状布局。沿村庄干路两侧布置公共服务设施,形成线性公共活动场所。干路人流多,且连通到村民各家,可方便大部分村民,同时还有利于组织街巷空间,形成村庄主体景观。一般情况下,沿路带状布局方式应作为优先选择的布局方式。

(2)结合公共空间设置。结合村庄公共空间布置公共设施,形成围合、半围合空间,作为村庄主要公共活动场所。引导设置集中布局,可节约用地,减少投入。

(3)结合村口设置。在村庄入口集中布置公共服务设施,富有特色的建筑形式可以形成村庄入口标志。突出村庄形象的同时,又可以方便村外或路过的人们使用,有利于充分发挥公共设施的服务作用。

(4)点状布局。公共服务设施分散设置在村庄居住群中,形成散点状布局。这种方式的优点是服务半径小,每一个组群内的村民使用都很方便,村庄服务条件整体均衡。

综合考虑行业特点,实施管理等因素,整合各行业部门标准,确定各类设施兼容性配置要求,鼓励空间复合利用。例如,新社区管理与服务用房整合了民政、社会、卫生、公安、文化等多个部门有关设施配建要求,具备"两栏两站九室"功能,成为新社区公共管理中心。

表10-6　农村基本公共服务设施配置方式对比一览表

规范标准导则	布局或建设方式
《江苏省村庄规划编制指南(试行)》	鼓励各类设施共建共享,提高使用效率,降低建设成本,避免重复建设和浪费。靠近城镇的村庄,可根据与城区、镇区距离的远近,优化调整公共服务设施配置内容和标准
《安徽省村庄规划编制技术指南》	鼓励在建筑条件允许的前提下,尽可能利用闲置的既有建筑进行改造利用
《湖南省村庄规划编制导则(试行)》	宜集中布置在位置适中、内外联系方便、服务半径合理的地段。使用功能相容的设施,应集中布置,复合使用

10.3　市政公用设施

村庄的市政设施是保证村庄生产生活正常进行的重要支撑,决定着村庄的发展条件和生活质量。很多市政设施与乡镇甚至城市的基础设施有着供应系统上的关系。村庄市政设施规划的编制要落实上级规划和相关市政公用设施建设要求,根据需要统筹考虑行政村管辖范围、自然村庄分类、人口规模、设施服务能力和村民实际需求等因素,合理确定必要的市政公用设施的规划建设内容,明确给水、排水、电力、通信、能源、环卫和防灾减灾等市政公用设施规划建设要求,加强相关用地的规划保障落实,并合理确定规划内容和深度。

鼓励各类市政公用设施共建共享,提高使用效率,降低建设成本,避免重复建设和浪费。靠近城镇的村庄,可根据与城区、镇区距离的远近,优化调整市政设施配置内容和标准。新增市政公用设施优先配置在规划发展村庄,以引导留乡留村农民向规划发展村庄集聚和适度集中居住。搬迁撤并类村庄和其他一般村庄原则上不再新建市政公用设施,但要满足其日常所需的基本生活服务需求。

10.3.1　给水设施

根据就近原则和上位规划要求选取供水水源,结合村庄实际用水情况和规划人口规模,依据乡镇总体规划或供水专项规划确定的村庄人均用水指标预测总用水量,满足村民用水最大需求。规模较大、功能较复杂的村庄,可以采取分项用水需求预测加用水量变化系数方法对用水需求进行校核。对于外来游客较多的村庄或有加工业发展基础的村庄,应一并考虑相应的用水需求。

供水管网规划沿村庄主要道路敷设,由主干管向各户村民供水。为避免重复建设,浪费资金,管网建设应充分结合现状管网,环支结合。配水管网的管径应按照远期考虑,铺设范围应结合取水点的供水量以及用户的发展,分期进行建设。支管的布置也应考虑近远期结合和分期实施的可能,尽量沿规划道路敷设,以利施工维护。

根据村庄分类差异化引导布局,明确规划发展类村庄供水干管管径,完善供水管网,管网成环,保证供水安全可靠;其他一般类村庄在现状给水管网的基础上,完善供水管网,对老旧管道、漏损率较高管道予以更换;搬迁撤并类村庄以保障现状供水满足村民日常生活需求为主。

10.3.2 排水工程

1.污水设施规划

村内污水主要来自厕所冲洗水、厨房洗涤水、洗衣机排水、淋浴排水以及其他污水等村民生活污水,生活污水量一般根据生活实际用水定额的一定比例进行测算。村庄污水量一般根据用水量的75%—90%的比例进行估算。规划发展村庄要逐步对现状合流制排水体系进行改造,尽可能采用雨污分流制,以沟渠排雨水,以管道排污水。对于搬迁撤并类村庄在满足排涝需求基础上,以维持现状为主。

管网规划要按照充分利用地形、尽量采用重力流排除污水的原则布置污水管道,沿主要道路布置污水干管,污水就近排入污水干管,最后排入集中式污水处理设施集中处理后排入收纳水体。对位于城镇、乡镇污水处理厂服务范围内的村庄,应鼓励将污水纳入城镇污水处理厂集中处理。管网管径和敷设控制要求应满足国家相关规范,尾水排至

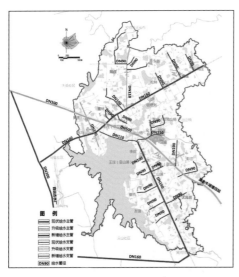

图10-8 南京市六合区河王湖村给排水设施规划图
资料来源:根据项目实践自绘

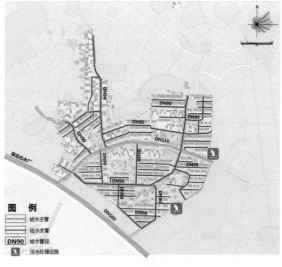

图10-9 某自然村村庄给排水设施规划图
资料来源:根据项目实践自绘

周边流动水体,尾水水质应执行国家和地方标准要求。

2. 雨水设施规划

雨水应优先收集利用,超标雨水宜采用分散式排水,通过雨水管、雨水盖板沟、植草沟或利用现状明沟、地形坡度、重力流排水,以最短的距离将雨水排放至周边河流、坑塘和其他水体。雨水管网宜沿路边沟排泄。排水盖板沟结合主要道路建设,断面一般采用梯形或矩形,可选用混凝土或砖石、条石、鹅卵石等地方材料进行整修和疏通。规划村庄内原有的灌溉渠、水塘原则上应予以保留。

村域内结合现有坑塘、景观水系、广场绿地设置雨水调蓄设施。坑塘、景观水系承担部分雨水调蓄功能,收集雨水补充下游河道径流。广场铺装宜采用透水性铺装材质,绿地宜设置为下凹式绿地、雨水花园、旱溪等形式,拦蓄雨水补充地下水。

明确防洪、排涝标准;有需要的地方,要结合地方实际划定圩区,确定圩区面积、流量及泵闸规划布局,说明需要新增或改建的主要泵闸设施。

10.3.3　电力设施

村庄电力设施规划,首先要调查和搜集电力网现状资料,对现状电力设施进行评估和分析,分析存在的问题,明确规划改造的重点。其次是调查和搜集村庄用电的发展变化资料,测算用电负荷水平。三是依据乡镇国土空间总体规划和电力专项规划以及村庄电力负荷的发展,分析规划年度的用电水平。根据规划用电标准,选取适宜的用电系数对用电负荷进行预测分析。四是根据负荷和电源条件,确定供电电源的方式,一般都是来自县、乡镇的电源。五是按照负荷分布,确定输电和配电网布局方案,确定配电网的接

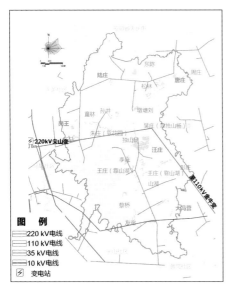

图10-10　南京市六合区河王湖村电力设施规划图
资料来源:根据项目实践自绘

图10-11　某自然村村庄电力设施规划图
资料来源:根据项目实践自绘

线方式及布置线路走向,确定变电站、配电所的位置、容量及数量。

电力负荷预测一般根据乡镇总体规划或供电专项规划确定人均用电量水平,但人口规模的基数对于旅游村庄、有一定加工业的村庄需要适度放大考虑。电力线路按结构可分为架空线路和电缆线路两大类。电力线路规划布置应尽量沿村庄道路、河渠和绿化带架设。近期可更换老旧线路、拆除私拉乱扯电线,远期可根据实际情况及经济情况综合考虑采用局部地段地下敷设。

采用“小容量、密布点、短半径”的原则,对10 kV杆上变压器进行评估,对老旧杆上变压器进行更换,保障居民用电可靠性;对于有景观需求村庄,可将杆上变压器改造为箱式变压器,并对其进行扩容,采用放射式和树干式接线,配电到户。

10.3.4 通信设施

通信线路包括有线电话、有线电视、宽带网络线路等弱电系统。通信设施规划按照村庄分类进行差异化设置,规划发展村庄尽可能实现光纤到户率100%,4G网络全覆盖,Wi-Fi覆盖率100%;村委会所在自然村设置邮政代办点;其他一般类村庄光纤到户率100%,4G网络全覆盖;搬迁撤并类村庄以保持现状为主。

通信线路布置采取架空敷设,对于经济发达的村庄或者景观有特色要求的村庄,在重要地段、节点鼓励采用地下埋设的方式。线路走向宜设在电力线走向的道路另一侧,根据政策要求积极推进三网融合。村便民店内规划增设村邮站,除传统邮政信函、包裹业务外,逐步开展电子商务、农村淘宝、网络代购等服务。

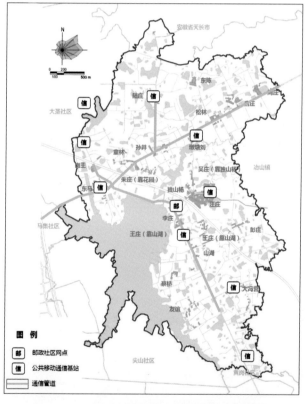

图10-12 南京市六合区河王湖村通信设施规划图
资料来源:根据项目实践自绘

10.3.5 能源设施

结合村庄实际情况,规划能源一般为瓶装液化石油气、太阳能,远期有条件的村庄气源为管道天然气。村口距离居民点满足安全距离要求、交通便利的位置,可设置液化气储备站。村内宜采用低压供气,引自燃气中低压调压柜。

燃气低压管道管径应满足规范
要求,宅前道路布置燃气接户管,预
留各栋建筑的引入管接口。燃气管
除穿越工程外,均埋地敷设。原则
上敷设道路西(或北)侧的人行道
下,根据用户分布预留过路管。低压
燃气管道采用聚乙烯燃气用塑料管
(PE管)。

推广利用太阳能热水系统用于
村民炊事及日常洗漱,应积极推广采
用太阳能+风能+储能式路灯。

10.3.6　环卫设施规划

采用"村收集、乡镇(街道)集中
处理"方式,将农村生活垃圾分为有
害垃圾、易腐垃圾、可回收垃圾及其
他垃圾进行垃圾分类收集。在村内
设置垃圾桶进行垃圾收集,由镇(乡、
街道)每日统一收集处理。有害垃圾采用定期收集的方式,定期归集至镇(乡、街道)有

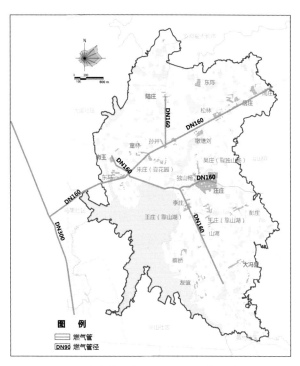

图10-13　南京市六合区河王湖村燃气设施规划图
资料来源:根据项目实践自绘

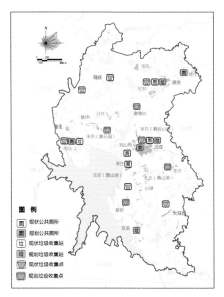

图10-14　南京市六合区河王湖村环卫
设施规划图
资料来源:根据项目实践自绘

图10-15　某自然村村庄环卫设施规划图
资料来源:根据项目实践自绘

害垃圾集中归集点。易腐垃圾采用资源化处理的方式,通过好氧、厌氧、生物转化的方式进行资源化利用。其他垃圾统一收集送至镇(乡、街道)垃圾转运站集中处理。

规划按户设户用分类垃圾桶,按服务半径间隔设置,方便居民就近投放,并逐步展开垃圾分类收集、处理。垃圾桶应美观、耐用、防雨、阻燃,并与村庄整体风格和谐,宜沿村内主要街道、广场、公共空间以及集中居住区布置。同时,提高村民环卫的积极性和就业率,可建设一定规模的保洁队伍,并结合村综合服务中心设置环卫工作站,负责保洁人员日间休息。

公共厕所规划,宜建设为水冲式公厕,建筑形态应符合村庄整体风貌。村民住宅户厕需改造为无害化厕所,户厕污水均应经过化粪池处理后方可排入污水管网,化粪池应设在室外,原有粪坑经清理并做防渗处理后,作为化粪池的安放处。化粪池与饮用水水井距离不得小于30米。水压较低的村民住宅,应设置高位水箱蓄水冲厕。

如南京市六合区马鞍街道河王湖社区汪庄村,规划在村庄东侧增建1处垃圾收集站,1处环卫车辆停放站,覆盖全村域的垃圾收集工作。每户居民门口设有分类垃圾桶收集村民日常生活垃圾。规划增设2座公厕,新建公厕建筑采用原生态设计,建筑体量适宜,建筑材料以木材为主,展现了乡村建筑原始的面貌,并与建筑周边环境相融合。

10.3.7 防灾减灾

1. 消防

依托城镇消防站,结合村委会公共建筑建设微型消防站。其他一般类村庄、搬迁撤并类村庄组建义务消防队。采用给水管网与天然水体相结合,作为消防水源,在各村公共建筑内布置消防灭火器,消防道路宽度不得小于3.5米。村庄内河流、水塘为消防第二水源,在河边设置固定取水点,加强村庄综合防灾能力。

2. 抗震

参考《中国地震动参数区划图》(GB18306—2015)等规范,一般建筑物按照设计基本地震动峰值加速度值设防。同时,重点地区可将村庄分为重点防震区和一般防震区,将人流集中的设施如村委会、卫生所、文化活动中心、老人之家、游客服务中心、培训学校等用地划为重点防震区,在此区域兴建的建筑物能够经得住强烈的地震波而不受较大影响,抗震级别要高于其他建筑至少一级;村内除重点防震区以外的其他用地划为一般防震区。原有建筑不符合抗震设防要求的要及时加固或拆除,新建建筑布局应疏密得当,避免灾后房屋倒塌影响疏散道路通行。充分利用规划区的公共绿地、运动场地、广场以及其他建筑物少、用地开阔空间设置应急避难疏散场地,起到灾期受灾人员的疏散作用,任何部门、个人不得随意占用。规划村内主要道路作为生命救援线路,保证灾期村民迅速、安全的救护转移,结合村庄道路系统、绿化及基础设施的规划建设,建立生命线工程设施。

3. 防洪排涝

防洪标准按照《防洪标准》(GB50201—2014)执行,采取工程措施与非工程措施相结合,河道整治与绿化、保护生态环境相结合的防洪除涝策略,规划设防标准依据不同村庄类型,差异化引导布局。充分利用村庄周边河道、坑塘、沟渠等水体,加固河流的堤防设施,对容易造成桥梁崩塌的河流位置进行除险加固,对村庄对外联系的桥梁进行加固整修。对村庄周边河道清淤疏浚,保持河道的畅通力,同时沿村庄道路修建排水盖板沟、植草沟,提高村庄防洪排涝能力,增强灾害抵御能力,以确保汛期安全。沿河设置滨河生态廊道,河岸以乔灌木、草等相结合植物带加强水土保持,并形成滨河生态景观廊道。充分利用村庄地形及建设区内部的渠、塘,同时与雨水排放系统相结合,保证村庄内部雨水能够及时、顺畅地排出。着力修好田、渠、塘,形成灌溉水系,提高防洪抗旱功能。

4. 地质防灾

对于处在山地丘陵地带的村庄,宜加强对山体破碎地段的监控,推进生态修复,加强植树造林和森林抚育,在资源有限利用区、设施建设区以及协调缓冲区内及时清理或固定松动土石。禁止开山采石,并尽量减少工程建设时的土方量。采用合理的耕作活动,减少翻耕,以减少地表径流、土壤流失和冲蚀。造林护坡,采用较大的造林密度,增加植被覆盖率,乔灌混交或灌草混交,以提高蓄水保土、防风固沙的功能。在情况比较复杂的坡面,工程护坡与植物护坡结合,依据地质灾害防治工作需要,实施地表截排水、卸荷、锚固、支撑、支挡、灌浆添缝、嵌补、加固、生物治理等治理工程。修建排水沟,拦截地表水,减少进入滑坡体的地表水量,及时将滑坡体发育范围内的地表水排走,减轻地表水对斜坡的破坏。在滑坡体上部削坡减重,在坡脚加填,改变坡体外形,降低斜坡重点,提高滑坡稳定程度。修建抗滑垛、抗滑桩、抗滑墙等支挡工程,阻止滑坡体滑动,提高滑坡稳定程度。对泥石流易发区的地质情况重点调查,综合治理,全面防治,根据泥石流的不同类型,综合地采用排导措施和生物措施等形成流域泥石流的全面防治模式。

表10-7 不同类型村庄安全与防灾一览表

村名	集聚提升类村庄特色保护类村庄	其他一般类村庄	搬迁撤并类村庄
要求	重点防护	一般防护	一般防护
消防	依托城镇二级普通消防站,应设微型消防站	依托城镇二级普通消防	依托城镇二级普通消防
抗震	按规范要求,并应设避难疏散场地	按规范要求	按规范要求
防洪排涝	防洪50年一遇排涝20年一遇	防洪50年一遇排涝20年一遇	防洪50年一遇排涝20年一遇

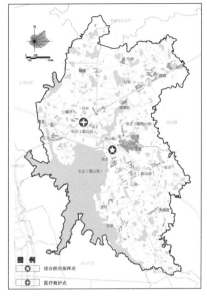

图10-16　南京市六合区河王湖村综合
防灾设施规划图
资料来源：根据项目实践自绘

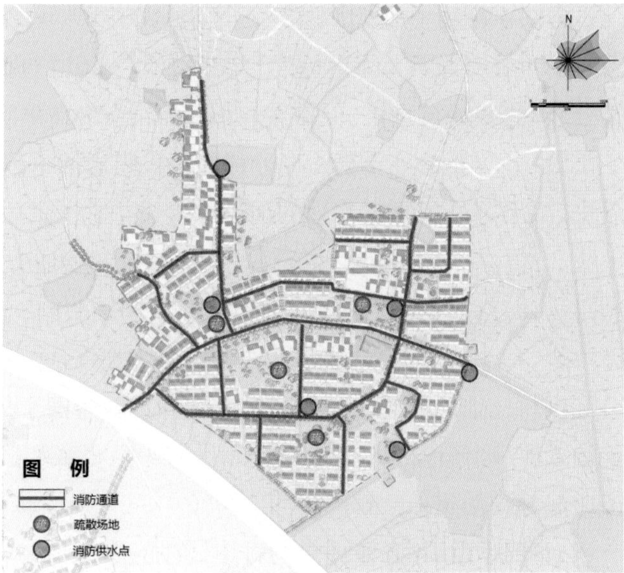

图10-17　某自然村村庄综合防灾设施规划图
资料来源：根据项目实践自绘

图　例
消防通道
疏散场地
消防供水点

　　南京市六合区马鞍街道河王湖社区汪庄村综合防灾规划中，综合防灾指挥点结合村口设置，建立村域消防、防洪、地质灾害防治以及抗震等应急预案，在发生险情时，组织成立抢险救灾领导班子，启动应急预案。消防用水由村庄给水管网供给，村庄内河流、水塘为消防第二水源，在河边设置固定取水点。避难疏散场地主要利用村庄游园、体育场地、停车场和周边农田等空旷场地作为避难疏散场地，任何部门、个人不得随意占用。原有建筑不符合抗震设防要求的要及时加固或拆除。

10.4　历史文化保护与特色塑造

　　历史、文化内涵是历史文化村落最重要的灵魂，是有别于其他村落的独特性、不可替代性。党的十八大以来，习近平总书记多次强调，建设美丽乡村，"不能大拆大建，特别是古村落要保护好"，"注意乡土味道，保留乡村风貌，留得住青山绿水，记得住乡愁"。在新农村建设中，许多地方一味地追求生活的舒适便捷、村容村貌的整洁，不太重视对传统文化遗存和文化形态的保护，造成乡村风貌的地域特色逐渐丧失，主要表现在建筑风格的同一性和城市化，或表现出"半城半乡"的混沌之象[①]。这种城市化的乡村建设方式，虽然快速改善了乡村人居环境，但也破坏了乡村固有的传统风貌。

---

①　张立，王丽娟，李仁熙.中国乡村风貌的困境、成因和保护策略探讨——基于若干田野调查的思考[J].国际城市规划，2019（5）：61.

村落文化的基本关系是血缘与地缘的关系。村落文化包括物质和非物质两种形态。物质形态主要体现在乡土建筑空间形态等方面,非物质形态主要体现在乡风民俗等方面[①]。村庄规划中历史文化的保护内容涉及历史文化名村、传统村落和其他一般村庄。对于其他一般村庄而言,虽然不是历史文化名村、传统村落,但需要从国土空间角度补充历史文化空间要素,让历史文化资源的保护与利用成为村庄规划的重要组成部分。历史文化名村、传统村落所在地行政村的村庄规划,应当增设专门篇章,按照相关要求编制保护规划内容,特色保护类村庄也可参照这个要求编制相应专项保护规划内容。对于其他一般村庄,村庄历史文化保护规划要坚持保护为主、兼顾发展、尊重传统、活态传承、符合实际、农民主体的原则,详细调查村落历史文化资源,建立历史文化资源名录,确定保护对象和保护要求,并提出特色塑造、历史文化资源活化利用的措施建议。

10.4.1　历史文化资源和特色调查

中国是世界上农业文明最古老的国家之一,广大乡村积淀着极其丰厚的文化遗产。从类型上说,包括各类物质文化遗产(如文物、乡土建筑、古遗址、传统器具等)、非物质文化遗产(如传统技艺、传统美术、传统节庆、传统文艺、传统医药、传统饮食等)、人文自然融汇性遗产(如农业文化景观、历史风貌、文化生态等)以及文献类遗产(如家谱、村志、乡土知识读本等)[②]。

规划应当对村庄自然与人文资源的价值、特色、现状等进行调研,一般主要包括以下内容:(1)历史沿革:建制沿革、聚落变迁、重大历史事件等;(2)文物保护单位、历史建筑、其他文物古迹和传统风貌建筑等的详细信息;(3)传统格局和历史风貌:与历史形态紧密关联的地形地貌、河湖水系和自然景观以及街巷、重要公共建筑和公共空间的布局等情况;(4)具有传统风貌的建筑物和构筑物的年代、质量、风貌、高度、材料、使用功能等等信息,村庄整体风貌特色;(5)历史环境要素:反映历史风貌的古塔、古井、牌坊、戏台、围墙、石阶、铺地、驳岸、古树名木等;(6)传统文化及非物质文化遗产:包括方言、民间文学、传统表演艺术、传统技艺、礼仪节庆等。

属于传统村落的要建立传统村落档案。调查内容、调查要求以及档案制作参照《住房城乡建设部 文化部 财政部关于做好2013年中国传统村落保护发展工作的通知》进行。

10.4.2　村庄历史文化价值评估

在对历史、现状研究比较的基础上,总结并阐述村庄历史文化特色的价值(分为历史价值、艺术价值、社会价值和科学价值四个方面)与特色。

依据历史文化资源调查与特征分析结果,评估历史文化价值、特色和现状存在问题,

---

① 张泉,王晖,梅耀林,等.村庄规划[M].北京:中国建筑工业出版社,2009:36-37.
② 贺云翱.乡村振兴要高度重视文化遗产的保护利用[N].人民政协报,2019-11-04(9).

对村落选址与自然景观环境特征、村落传统格局和整体风貌特征、传统建筑特征、历史环境要素特征、非物质文化遗产特征进行分析。通过与较大区域范围（地理区域、文化区域、民族区域）以及邻近区域内其他村落的比较，综合分析村庄历史文化资源的特点，评估其历史、艺术、科学、社会等价值。对各种不利于传统资源保护的因素进行分析，并评估这些因素威胁传统村落的程度。

10.4.3 确定保护目标和特色定位

分析村落的发展环境、保护与发展条件的优劣势，提出村落历史文化保护和特色风貌方面的定位建议。在梳理提炼历史文化价值和特色风貌的基础上，提出历史文化保护传承的目标，将相关表述纳入村庄目标定位和发展策略中，并与村庄环境提升、特色保护塑造结合。

村庄传统风貌包括村庄总体轮廓线、建筑风格、色彩等。具有浓郁民族和乡土气息的传统民居，是构成地区独特风貌的重要因素[①]。另一方面，村庄独有的自然环境和景观特色也是形成村庄特色的重要因素。立足村庄所处自然环境、山水林田湖草空间格局特征，结合道路、建筑布局形态，提出整体风貌保护方案，挖掘凝练村庄自然、历史文化要素符号及传统建筑特色。

结合不同村庄的实际情况，提出有针对性的保护原则。保护原则一般有以下三个方面：一是保护历史真实载体的原则。真实的历史遗存是传递历史信息的重要来源，由于真实的历史文化遗存具有不可再生性，一旦毁坏将丧失所有历史信息。二是保护历史环境的原则。不论是文物保护单位还是一般的历史文化遗产，所有的历史文化资源都不是孤立存在的，通常依托周围的历史要素共同构成遗存的整体历史环境。为了完整地体现各类历史文化遗存的整体状况，必须保护好历史文化遗存周边的历史环境。三是合理利用、永续利用的原则。要根据历史遗存的不同特色确定恰当的利用方式。同时，还要考虑现在的利用方式能够保障未来保护和利用的可能。

10.4.4 明确保护对象和对策

1. 确定保护框架。结合村庄现状情况，按自然环境要素（山水格局）、人工环境要素[空间格局、街巷肌理、文保单位、地下文物、登记不可移动文物、历史建（构）筑物、古树名木等]、人文环境要素（历史人物、民俗节庆、民间艺术、饮食文化、风物特产等）构建村庄保护框架。历史文化名村、传统村落、特色保护类村庄之外的其他村庄可以不强求提出完整的保护框架。

2. 确定保护对象。根据历史研究和现状调查评估，确定需要保护的各类物质文化遗产（包括空间格局、历史街巷、各级文物保护单位、不可移动文物、历史建筑、山体水系、古

---

① 金兆森,陆伟刚.村镇规划[M].南京:东南大学出版社,2017:304.

井、古桥、牌坊、古树名木等历史环境要素）和各类非物质文化遗产的名录。对于未列入历史文化名村保护和传统村落名录，但具有一定价值的历史文化保护资源，应纳入历史文化和特色资源名录。

3. 划定保护范围。对于历史文化名村、传统村落需要划定核心保护范围和建设控制地带。根据村庄保护与历史文化价值评估，将文物保护单位、不可移动文物、历史建筑和传统风貌建筑相对集中、历史格局和风貌保存较好的区域，划定

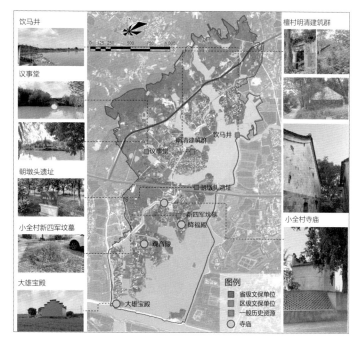

图10-18 南京市高淳区固城街道双全村历史文化资源分布图
资料来源：《高淳区固城街道双全村村庄规划（2020—2035年）》（南京市规划设计研究院有限责任公司），2020.12.

为历史文化名村的核心保护范围。为确保历史文化名村传统风貌的完整性和协调性，避免核心保护范围内风貌受到影响，应划定建设控制地带，并对其中的建设活动进行控制。保护范围的划定需与土地利用规划布局方案进行充分衔接。

在核心保护范围内，除经过审批的基础设施、公共服务设施整改外，不得进行其他任何新建、扩建活动，对新建建筑高度提出控制要求；建设控制地带内，不得出现与名村传统风貌不协调的新建改建扩建的建筑物，并对建筑高度提出控制要求。

4. 保护空间格局。主要为保护与自然和谐的村落外部空间形态，包括村落的自然要素，如山林、河流、池塘等。对于历史文化名村和传统村落应整体进行保护，对村落的传统格局、历史风貌、空间尺度、与其相互依存的自然景观和环境进行整体保护，提出与村庄特色风貌密切相关的地形地貌、河湖水系、农田、乡土景观、自然生态等景观环境的保护措施。历史文化名村、传统村落不得拓宽传统街巷，路面铺装应保持延续传统的材料、尺寸和铺装方式；重要古村不得随意改变传统街巷的走向、尺度、地面铺装及沿线建筑风貌等具体保护要求。

5. 保护特色风貌。乡村地区风貌特色的塑造需要以"看得见山，望得见水，记得住乡愁"为目标，实现乡村自然生态、建筑生态和人文生态的整体保育。山水田园是村庄的"境"，物质空间环境是村庄的"壳"，人文环境是村庄特色延续发展的"核"，三者共同形

成一个有机整体。乡村特色保护和塑造需要结合自然环境的保护,因地制宜,保持乡村田园风貌。延续村庄传统空间格局、街巷肌理和建筑布局,挖掘与保护建筑生态特色,防止大拆大建,提出村庄景观风貌控制要求。明确村落自然景观保护要求,明确铁路沿线、公路沿线、江河沿线及城镇周边、省界周边、景区周边等重点地段"显山露水"的整治措施。

有条件的县、区,可根据地方实际制定县域或者区域乡村特色风貌片区规划指引,作为农村居民点规划设计和农房建设的依据和参考。对村庄新建建筑、改建建筑的高度、建筑风格、色彩提出建设引导,以能与传统风貌相协调为原则,并提供若干标准户型做参考。

6. 提出历史资源要素保护与整治措施。

(1)物质文化遗产。按《文物保护法》的相关要求明确文物保护单位和登记不可移动文物的保护范围和建设控制地带,制定相对应的保护措施。对历史建筑进行分类,在维持原有的内部空间结构和外部传统风貌的前提下,提出保护、修缮和展示利用的要求和措施。对具有地域特色的传统建筑风格,如苏州的粉墙黛瓦、闽南的土楼等,以及具有特色的传统村落空间格局,如院落、建筑组群、街巷等提出保护要求。对反映村落历史特征的驳岸码头、石碑、踏步、石步道、牌坊、古亭、古桥、古树名木等内容提出保护要求。在不改变外观风貌的前提下,提出传统风貌建筑维护、修缮、整治的措施,改善内部设施。

(2)非物质文化遗产。对非物质文化遗产提出保护和延续利用的具体策略和方法。为非物质文化遗产的保护和展示提供空间场所,并明确具体规划用地。

10.4.5 提出规划实施措施

提出保护规划实施的建议,主要包括以下内容:抢救已处于濒危状态的文物保护单位、历史建筑、重要历史环境要素;对已经或可能对历史文化名镇名村保护造成威胁的各种自然、人为因素提出规划治理措施;提出改善基础设施和生产、生活环境的近期建设项目。村集体要将历史文化保护要求纳入村规民约,加强宣传教育,鼓励村民主动参与和监督保护工作。

确定保护项目。明确3—5年内拟实施的保护项目、整治改造项目实施计划和资金估算。提出远期实施的保护项目、整治改造项目以及各项目的分年度实施计划。

提出历史文化资源合理利用措施。根据村庄资源条件、产业基础和村民生产需求,合理引导种植业、手工业、旅游业等产业的发展。鼓励村庄通过传统特色产业和旅游业的发展提升村庄活力。有发展旅游业需求的名村,应明确旅游发展定位,通过提升重点街巷空间和场所节点的环境品质,合理确定服务设施布局和规模,优化旅游线路和活动组织。

10.4.6 历史文化保护规划成果

对于历史文化名村、传统村落的图纸要求按照国家相关规定执行,对于其他一般村庄的保护规划图纸要求如下:(1)村落传统资源分布图。标明村落现状总平面,村落内各类有形传统资源的位置、范围,非物质文化遗产活动场所与线路,村落各主要视觉控制点上的整体风貌等。(2)格局风貌和历史街巷现状图。(3)反映传统建筑年代、质量、风貌、高度等的现状图。(4)村落保护区划总图。标绘保护范围及各类保护区和控制界线。(5)建筑分类保护规划图。标绘保护范围内文物保护单位、历史建筑、传统风貌建筑、其他建筑的分类保护措施。其中其他建筑要根据对历史风貌的影响程度进行细分。各项图纸比例一般用1/2 000,也可用1/500或1/5 000。地形图比例尺不足用时,应配合手绘图解进行标绘。具体图纸内容可以根据村庄历史文化保护规划意图的需要灵活确定。

11 空间管理图则引导

11.1　以往控制性详细规划编制体系

以往城乡规划体系分为总体规划—详细规划两个层级,部分大城市和特大城市可以增加分区规划这个层级。控规的编制大多是先依据城市总体规划(或分区规划)对所要规划的局部地区进行土地利用性质细分,然后对各个地块提出具体控制。自控制性详细规划制度建立之后,经过一些年的实践和总结,有效解决了城市总体规划到具体地块的规划传导问题,又兼顾市场的弹性和灵活性。在国家规定的控制性详细规划—分图则技术层次的基础上,很多地方做了积极的探索,一般在城市总体规划(或分区规划)与地块分图则之间增加一个规划层次(一般称为控详编制单元),重点解决城市总体规划的总体控制意图的落实和控制性详细规划的有序制问题。

这个层级的规划,虽然规划名称各有不同,但主要任务主要是明确各个编制单元主要的主导功能、开发容量控制、主要公益性公共设施和基础设施配置要求,而对于具体地块的图则编制,可以在不突破这个层面主导功能和总体开发容量的基础上,适应城市发展的实际和社会资本的需求,对地块的详细功能、开发容量和具体控制要求留有一定的弹性,以有效解决落实城市总体规划战略意图和兼顾市场需求的弹性问题。不同省市和城市对于这个中间层次的规划控制划分尺度不一,大部分地区提出了控规编制单元(部分地区称为规划管理单元)的层次,以控规编制单元开展第一个层面的详细规划编制工作,对于近期需要规划控制地块进行图则编制工作,落实具体的地块开发控制要求。有的地区在规划编制单元与分图则之间增加了街区层次,赋予街区开发容量一定的弹性,可以允许地块开发容量有一定的调整幅度。

比如,安徽等省构建"城市—编制单元—街区—地块"分层次控制体系,逐级实施不同深度、侧重与要求的规划调控。安徽等省提出在控规组织编制之前,依据城市总体规划,划定控规编制单元,一般会组织编制单元控制性规划,确立各编制单元的功能定位、空间结构、人口容量、密度分区等整体控制的原则与框架,指导控规的编制。上海在分区规划与控规之间增加单独编制的控制性编制单元规划,广州、南京等大城市在分区规划与控规基础上建立以规划管理单元为核心的控制性规划等,都是对控规与总规衔接问题的应对探索。这个层次的规划主要任务是具体落实和深化"城市整体性控制",对编制单元发展定位、功能组织、规模容量、密度分配(到街区层面)、土地利用、道路交通、城市设施(公共设施和基础设施)、景观环境、特别控制(特定意图区、生态保护、历史文化保护等)等方面进行专项研究,确定编制单元的空间结构、用地布局、"五线(城市绿线、紫线、蓝线、黄线、干道红线)与两大设施(公益性公共设施和市政基础设施)"控制、道路交通、绿地系统、市政工程、街区控制要求等,作为刚性管控要求,为单元内下一层次的街区控制、地块控制提供有效指导[①]。然后,将这些整体性控制内容落实到地区内的各个街区转化、提出街区的规划控制指标与控制要求。

街区控制,是按照"编制单元控制"中确定的街区控制要求,对街区容量、密度分配(到地块)、"五线与两大设施"控制、土地利用、设施配套、景观环境等内容进行具体落实,提出街区规划建设管理规定,为规划条件制定和街区内建设项目管理提供依据。街区控制指标比地块指标简化,只侧重于人口容量、容积率、建筑高度几个重要指标控制。街区主要控制作为地块指标制定的依据,街区开发总量一般略大于分地块的指标累积(原则上不超过 10%),为地块指标调整提供一定幅度的可能。街区层面既可进一步落实规划地区整体性控制要求,又能满足街区内地块可能迁并后再开发的规划管理需要。在配套设施上,有些配套设施的布置可根据实际的开发变化再行确定具体的地块选择(但仍在街区内),一定程度上提高了开发的弹性。街区层面规划一般不单独编制,只是控制性详细规划的一个技术层次,为控制性详细规划的管控提供一定的弹性。

最后,以地区整体性控制和街区控制为指导,具体制定分地块的控制指标和控制要求。地块控制是地区整体性控制和街区控制的最终落实。地块控制,强调以产权地块为单位进行,侧重于城市近期开发用地的控制,重点对用地性质、用地界线、用地面积、建筑高度、建筑密度、容积率、绿地率、配套设施等指标控制和交通组织、建筑退界、城市设计等要素控制。同时,通过量化指标对地块的开发建设和环境质量进行控制,主要由土地使用强度指标、环境控制指标、交通控制指标和经济效益指标等构成。在具体制定控制指标和要素时,宜采用指标上、下限值控制,强制性与引导性相结合控制的方法。

这样,即构成了"地区整体性控制—街区控制—地块控制"的三级控制体系,既"向上"与城市总体规划进行了有机衔接,又"向下"通过街区控制的提出,对地块控制提供

---

① 汪坚强.迈向有效的整体性控制——转型期控制性详细规划制度改革探索[J].城市规划,2009(10):63-64.

依据和指导,形成了清晰的控制层次①。江苏省、南京市则提出了类似的技术编制体系,但江苏省重点在规划编制单元层面进行总体控制,在此指导下,进行地块详细规划图则的编制。

11.2 村庄地区详细规划的特殊性

2019年5月,中共中央国务院《关于建立国土空间规划体系并监督实施的若干意见》明确了详细规划定位和编制要求。通过城镇地区的详细规划加上外围地区发挥详细规划作用的村庄规划,共同承担起建设全域、全要素的国土空间用途管制制度的重要职责。

以往的城镇地区的控制性详细规划是承接、深化、落实城市总体规划目标的重要工具,又是管理城市开发建设活动的直接依据,在我国的城市建设过程中发挥了重要作用。但长期以来,以往的城乡规划体系对乡村地区空间管控相对薄弱,适应非集中建设区管控要求的详细规划层面研究不够深入;土地利用规划较注重指标调控、建设与非建设用途转换等内容,对区域功能组织、空间结构、镇村体系、设施保障等方面缺乏统筹。近年来,广州、杭州、成都、武汉等城市侧重于细化和落实城乡总体规划中生态用地定位、定性、定量的控制性要求,探索对生态型地区的生态控制线边界、可开发规模总量及线内允许建设项目的管控;重庆、郑州、厦门等城市侧重于重点深化和完善城市生态廊道等生态用地的规划与控制,制定生态型区域强化生态保护、功能提升的

图11-1 城市与村庄空间形态对比
资料来源:东南大学建筑设计研究院有限公司UAL城市建筑工作室.江北新区2049战略规划暨2030总体规划总体城市设计专题[Z].2014.

---

① 吴晓勤,高冰松,汪坚强.控制性详细规划编制技术探索——以《安徽省城市控制性详细规划编制规范》为例[J].城市规划,2009(3):39.

策略研究,为未来城市发展的绿色空间提供保障。有别于其他试点城市对于开发边界外生态型地区的管控研究,上海、杭州等地创新实践郊野单元控制性规划编制,探索规划法定化路径[①]。

我国改革开放以来的村庄规划,虽然不同时期有不同的侧重点,但主要针对村庄居民点建设的用地布局和村庄建设整治引导。村庄规划作为城镇开发边界之外法定的详细规划,应学习借鉴北美等国家的区划和英国的地方规划的经验,在图纸比例、用地分类及规划控制要素的设定上留有一定灵活性,以契合密集建设区及农业地区等的不同规划对象。

(1)村庄规划是广域性、多样化乡村地区的详细规划。城镇地区的控制性详细规划,对象是拟进行开发的集中建设用地,要对各类开发建设地块进行高度、容积率和周边道路退让、出入口引导等提出控制引导要求。但村庄规划的对象既包含耕地、林地、草地、水面等非建设空间,也包含村庄、区域性交通和市政设施、点状开发项目等建设空间,因而既要对村庄和点状开发设施进行类似于城镇详细规划深度的规划控制引导,也要对耕

图11-2 城市地区空间景观(深圳市)
图片来源: 微博@深圳微博发布厅

① 王玚,石华,邵波,潘强.郊野地区全域控制性详细规划技术路径探索——基于国土空间规划语境[J].城市规划,2020增刊(1): 85.

图11-3 乡村地区空间景观（马鞍山市和县凤台村）（一）
资料来源：马鞍山市自然资源和规划局.马鞍山市"多规合一"实用性村庄规划编制（试点）（马鞍山市和县凤台村）（初步成果），2020.9.

图11-4 乡村地区空间景观（二）
资料来源：微博@杭州发布

地、林地、水面等以保护控制为导向的空间进行详细安排,提出诸如耕地、林地、水面保护面积和详细布局等要求,提出土地整治、生态修复等空间布局。针对村庄、分散建设区和广域非建设空间,村庄规划应在管控重点、管控体系和管控指标设置上采取差异化控制策略。

(2)村庄规划是低密度、旷野性乡村地区的控制引导规划。就地域形态来说,作为空间范畴的村庄是以农业和生态空间为主的生态开敞空间,是一种大尺度的景观①,即使有村落和点状设施建设,相对于广大地域和城镇来说,也是很低密度、低强度的建设行为,人类的开发建设和干扰活动并不激烈,总体上是生态型、旷野性的空间特征。不同于城镇地区针对较大强度的开发控制引导,对村落和零星建设行为的详细规划引导的重点是突出开发密实度、建筑体量、建筑退让、乡土风貌保持要求,引导村落有机融入大自然的形态,确保新建点状设施不对生态开敞空间景观特征造成干扰和破坏。

(3)村庄规划要适应多样化、碎片型的土地产权特征。村庄地区基本上为村集体土地,但也会存在不少已征用、转用形成的国有建设用地。从土地利用状态来说,还存在低效土地和空(闲)置用地需要关注。规划需要针对不同产权状况、利用情况提出不同的规划利用方案。比如国有建设用地,开发建设不需要重新履行征用供地程序,村庄规划中缺失的公共设施、服务乡村振兴和提升集体经济实力的产业用地可以优先利用国有存量土地;对于存量闲置的集体公共设施用地,比如关停的小学、幼儿园及撤并后的村委会用地,尽可能优先考虑补充缺失的文化、养老等公共服务配套。在考虑耕地布局和农田基础设施规划时,应考虑承包地流转的需要,对碎片化、不规则的农地提出重整、重划的引导要求,提高连片地区耕地集中连片度。经营性集体建设用地在符合规划的前提下可以进入建设用地市场,对其用途管控要作相应细化。宅基地正在探索所有权、资格权、使用权三权分离改革,应充分调查宅基地和建筑利用现状,提出闲置宅基地盘活利用的思路和用途功能调整建议。

根据乡村地区的自然地理和空间发展特征、支撑建设用地和工程设施许可的详细规划定位,未来村庄规划的土地用途分区和管控应突出乡村地区的特点,既要体现技术理性,也要适应不同地区、不同类型村庄的规划管理的需要。

11.3 村庄地区详细规划的编制体系

根据新一轮空间规划体系改革的要求,村庄规划是国土空间规划体系中乡村地区的详细规划,是乡村地区开展国土空间开发保护活动、实施国土空间用途管制、核发乡村建

① 《城市规划学刊》编辑部.“空间治理体系下的控制性详细规划改革与创新”学术笔谈会[J].城市规划学刊,2019(3):5.

设项目规划许可、进行各项建设等的法定依据。要建立从"规划全覆盖"到"精细化管理"、从"规划管控"到"综合治理"、从消极保护到积极治理,全域覆盖、开发和保护并重的规划技术体系[①]。建立面向乡村地区的详细规划管控体系,有必要在总结借鉴以往城镇地区控制性详细规划的做法基础上,结合村庄地区土地用途和建设管控的实际需要探讨确定。

相比城镇建设地区,乡村的地域差异性很大,乡村地区详细规划的地位和作用范畴、空间尺度、编制方法、管控策略等必然各异,城市的控规经验难以直接套用到乡村。乡村地区承载着生态、生产、游憩、居住以及文化传承等多元功能,有着多重治理要求。从技术上,乡村经济规模小、发展不确定性大,应强化规划指标的刚性和空间坐标的弹性,规划在确保指标底线约束的前提下,应以乡村空间资源的合理配置为目标,除刚性的永久性基本农田、生态保护红线外,应逐步实现建设用地,尤其是经营性建设用地的指标化、导则化管理,强化引导[②]。根据我国村庄规模和图纸表达的需要,总结已有控制性详细规划的经验和先发地区有关乡村地区详细规划的探索,建议在乡村地区构建"行政村单元图则+重点地块图则"的规划图则管控体系,推进全域空间要素的法定化、精准化管控[③]。

(1)村域单元图则。结合乡村地区详细规划管控内容及管控要求,行政村单元根据村庄规模大小和功能构成的复杂程度,一般规模较小、功能较为单一的村庄划分为一个图则单元,对于村庄规模较大或者功能较综合多元的村庄可以根据资源差异和主导功能方向划分为多个村庄单元。村庄单元图则建议包含规模容量、政策分区管控、用途分区管控、指标管控、生态修复、"四线"管控、景观引导等控制引导内容。规模容量即本单元规划建设用地规模;政策分区管控即划定"三线"、历史文化保护区、邻避设置等需要强化管控的政策类边界,并提出项目准入标准;用途分区管控即明确划定的用途分区内的用途分类转换规则;指标管控即对准入的建设项目设置规模、高度、体量等建设条件提出通则式管控要求。此外,图则还需明确生态修复的重点区域和项目管控、保障性设施位置规模和控制方式等。

(2)重点地块图则。地块层级图则主要针对村庄内的重点区域,主要包括农村居民点以及点状的集体经营性建设用地等做详细规划方案,形成详细规划管控图则。借鉴以往城市单元控规的地块图则技术要求,通过指标、坐标控制明确地块管控要求,指导地块规划使用许可。

---

① 赵广英,李晨.国土空间规划体系下的详细规划技术改革思路[J].城市规划学刊,2019(4):39-40.
② 黄明华,赵阳,高靖葆,王阳.规划与规则——对控制性详细规划发展方向的探讨[J].城市规划,2020(11):52-57.
③ 王旸,石华,邵波,潘强.郊野地区全域控制性详细规划技术路径探索——基于国土空间规划语境[J].城市规划,2020增刊(1):89.

11.3.1　村域或分单元通则控制

村庄规划借鉴城市控制性详细规划，应对规划管理的弹性，可以在村域或村域划分的不同片区单元进行总体控制，给每个单元内的地块规划控制指标留有一定的弹性。乡村地区的管控要通过核心指标、"三线"划定等刚性要求强化底线管控，针对规模较大或者村庄功能比较多元复杂的村庄可以通过村域或多个村庄功能单元编制图则的方式对建设需求留有一定弹性，应对未来发展的不确定性。

村域层面或者村域多个单元层面规划控制图则的主要任务，是通过"通则"形式，对各类用地提出原则性的管控要求，主要明确规划底线和生态保护、耕地保护、建设规模和开发强度、乡村风貌等的主要管控要求。建议采用"分区准入+约束指标"管制方式深化空间管制。"分区准入"可通过用途分区准入、政策分区准入规则制定实现双重管制。用途准入即按照划定的用途分区，明确该类用途分区与用途分类的准入关系，即确定规划期该用途分区内允许、有条件、限制、禁止转换的地类，以此引导不符合规划主导用途的现状用途按照规划引导方向转换。"约束指标"即按照单元规划指标的管控要求，对特定区域内的建设规模、生态红线、永久农田、水面率等核心指标进行管控，同时对特定区域内准入的建设项目设置规模、高度、体量、设施配套等建设条件提出通则式要求，指导后续具体建设项目方案的制定。规划通则建议进一步明确新增农村居住用地、公益性建设用地、集体经营性建设用地的性质、位置、边界、开发控制指标等内容，为集体经营性建设用地入市做好规划保障。

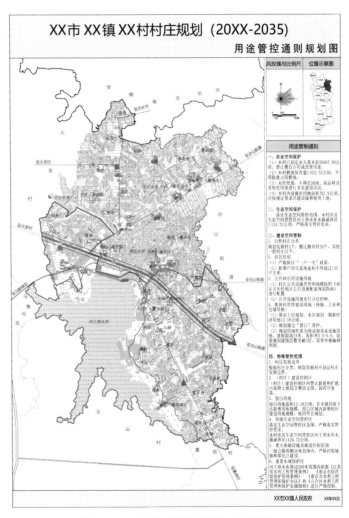

图11-5　村域层面用途管控通则规划图

资料来源：根据项目实践自绘

11.3.2　重点地区图则引导

在村域规划和单元通则管控的基础上,可根据需要,对重点地块和重点片区,以"增补图则"形式补充,以满足对重点建设地块进行规划建设许可的需要。重点地块包含镇村布局规划中确定的规划发展村(集聚提升村、特色保护村和城郊融合村)的村庄建设区、开发边界外的其他建设区。通过编制相应单元图则,引导重点地区的建设行为。重点地区图则是为更好地落实村庄"详细规划"的规划定位,体现用地审批依据的作用,对近期有建设需求的重点地区以管控图则形式,细化各类空间管制规则,引导开发建设,明确规划条件。乡村重点地区图则主要包括村庄发展边界内图则、集体经营性建设用地图则、分散建设用地图则。

村庄规划中应当对以上项目的村庄建设用地以及建设工程提出引导和控制。依据乡村不同项目审批管理情形,分类简化审批手续,对不同类型村庄建设用地的使用差异化导控。集体经营性建设用地入市前应明确地块的土地利用和规划条件,对地块位置、用地性质、开发强度(建筑密度、建筑高度、容积率、绿地率等)等控制指标进行约束,同时应明确交通出入口方位、停车场泊位及其他需要配置的乡村地区基础设施和公共设施控制指标等。农民集体建房按照集体经营性建设用地管理。小型公共服务设施、基础设施项目、村民住宅项目可按相关政策简化。

1.规划发展村

根据自然资源部和农业农村部的文件通知精神,我国的村庄分为集聚提升村、城郊融合村等五类,其中,集聚提升村、城郊融合村、特色保护村一般作为规划发展村,在未来一段时期会有一定的规划建设需求,需要进行相应的规划建设引导。一般需要在村域规划或者村域总体控制图则层面划定村庄发展边界,对有近期建设需求的规划发展村,村庄发展边界内需在图则中进一步细化用地分类,通过指标控制、线性控制、设施图标、清单等方式,明确管控要求与规划条件,支撑农村宅基地规划需求审批。规划管控图则中强制性要求包括建设用地总规模、户数、高度、公益性公共设施位置及规模。

对于图则的形式,在南京市河王湖村的试点中作了探索。

方式一是更接近传统城市规划控规表达,农村住宅以地块为开发单元。优点是宅基地选择较为灵活;缺点是无法明确单户宅基地位置与规模,与农房审批尺度无法匹配。

方式二是以单户宅基地审批作为表达要素。农村住宅以"户"为开发单元,道路均为农村道路(不占用基本农田),宅前屋后为原非建设用地。优点是以单户宅基地为最小单元,在不连片开发的情况下依旧可以作为审批依据。缺点是宅基地长、宽受到限制,灵活性较差。

经过对比分析和征求管理部门意见,南京市六合区马鞍街道试点村庄以方式二作为

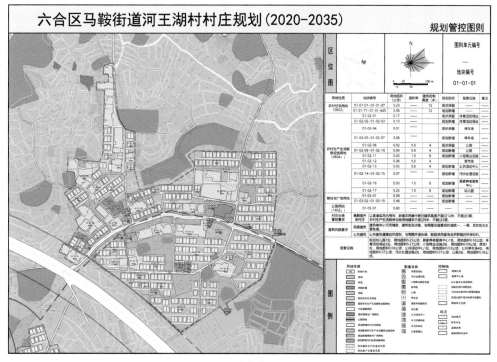

图则方式一

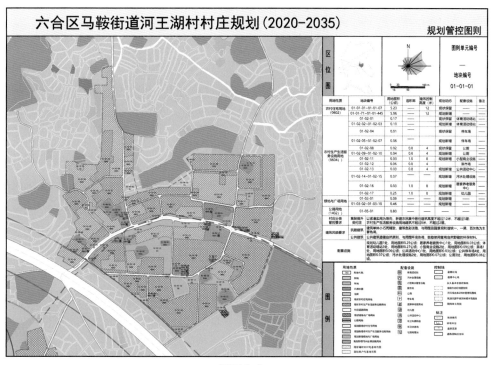

图则方式二

图11-6　两种不同图则表达方式

资料来源：南京市规划和自然资源局.南京市六合区河王湖村村庄规划（2020—2035年）（初步成果）

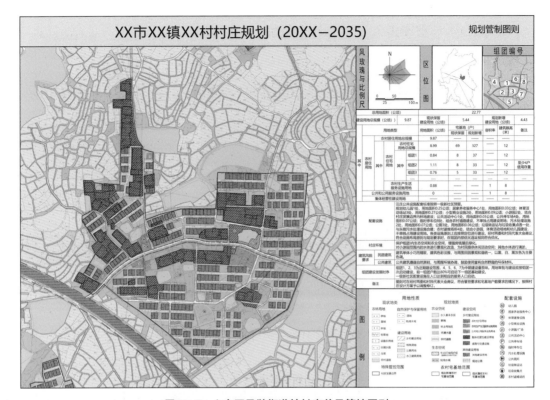

图11-7 六合区马鞍街道某村庄单元管控图则

资料来源：南京市规划和自然资源局.南京市六合区河王湖村村庄规划（2020—2035年）（初步成果）

图则形式。其中，规划发展村应划定村庄发展边界。村庄发展边界是在一定时期因村庄发展需要，可以集中进行村庄开发建设、重点完善村庄功能的区域。在图则中应明确村庄发展边界内的建设用地总规模、布局引导及开发强度。在符合规模要求和布局规范的前提下，可根据实际情况重新布局，空间位置优化视同符合规划。

南京市河王湖试点中村庄对重点地区（集聚提升村汪庄、特色保护村李庄）的开发建设进行图则管控。明确地区建设总量、建筑限高等开发强度、容纳户数，引导建筑风貌、村庄环境，明确设施配套位置与边界等。

专栏11-1 南京市六合区河王湖村建设指引

1. 总体建设要求

村庄空间布局应注重疏密结合，控制地块密度，协调新增农村居住用地与现状农村居住用地关系，协调现状和新增农村住宅关系。新建村民住房宜控制在3层及以下，建筑层高宜为2.8—3.6米。生产生活服务设施用地建筑限高12米。村庄建筑的间距和通道的设置应符合消防安全的要求，不得少于4米。

建筑形式简洁、沉稳、素雅、淡朴。村民自建房应依法办理宅基审批和建房规划许可手续。建筑风貌方面，要求民居建筑单体小巧而精致，建筑色彩淡雅，与周围田园景观和谐统一，以黑、白、灰色为主色调；公共建筑遵循自然原则，与周围环境协调，鼓励使用富有自然野趣和环保的材料。

2. 集聚提升村汪庄

用地布局：规划农村居住用地面积共12.79公顷，其中，现状农村居住用地面积5.44公顷；规划新增农村居住用地面积7.35公顷。规划容纳户数396户，其中现状户数69户，规划新增户数327户。

人口规模与组团划分：汪庄规划为一级新社区，即规划人口规模一般在1 000—5 000人（300—1 500户），服务半径一般在2公里左右的农村居民点。

汪庄规划8个组团，其中1、2、3为近期建设范围，4、5、6、7为中远期建设范围。用地审批与建设应当按组团编号一次启动建设，前一组团户数达80%可启动下一组团基础建设。一级新社区配套设施在人口达到相应的服务人口时启动。

表11-1　汪庄规划组团划分表

组团编号	农村住宅用地面积（公顷）	宅基地（户）	其中		备注	规划时序
			现状保留（户）	规划新增（户）		
①	0.85	45	8	37		近期
②	1.08	41	8	33	至少4户新增使用存量	
③	0.76	38	5	33		
小计	2.69	124	21	103		
④	3.28		35	57	至少4户新增使用存量	远期
⑤	0.81		0	62		
⑥	1.19		10	17		
⑦	0.68		2	30		
⑧	0.57		1	58		
小计	11.91	272	48	224		
合计	14.6	396	69	327		

配套设施：汪庄公共设施配套标准按照一级新社区预留。规划幼儿园1处，用地面积0.25公顷；居家养老服务中心1处，用地面积0.03公顷；体育活动场站3处，用地面积0.27公

顷；小型商业设施2处，用地面积0.09公顷；小游园2处，结合村庄发展边界内林地建设；公共活动中心1处，用地面积0.03公顷；公共停车场4处，用地面积0.07公顷；临时停车位8处，结合农村道路建设，不单独占用建设用地；污水处理设施2处，用地面积0.07公顷；公厕3处，用地面积0.06公顷；垃圾转运站与垃圾收集点各1处，与东侧污水处理设施合建；农村避难场所4处，结合小游园、体育活动场地和幼儿园建设，不单独占用建设用地。

各类设施原则上应按照控制点位进行建设。经村两委和村民代表大会商议，符合设施布局原则与规模要求时，在组团内部优化选址视同符合规划。

村庄环境：保护各组团内生态空间和农业空间，增强房前屋后绿化。对小游园范围内的水体进行景观化改造，为村民提供休闲活动空间，其他水体进行清淤。

2. 其他建设区图则引导

村庄内其他建设区图则主要用以指导零散分布的建设用地，其中包含了对于集体经营性建设用地的引导。在乡村振兴战略推动下，逐步有越来越多的社会资本进入乡村地区投资建设，有必要在用地规划布局基础上，做好这些用地的详细规划控制图则的编制工作，引导乡村地区有序建设。

另外，村庄规划要应对乡村建设行为的不确定性，以试点中河王湖村规划新增经营性用地为例，该地块为依据上位规划预留的新经济用地，规模12.18公顷。规划范围现状用地性质为农村住宅用地、耕地、林地、坑塘水面；规划通过"留白"管控（不落图），预留空间，增强弹性。规划用地性质为商业服务业设施用地；建筑限高3层；容积率为0.5—0.8（讨论值）；功能为服务于乡村振兴和集体经济增长的相关业态，如旅游康养、酒店等；设施配套应包含河王湖村旅游服务集散功能。

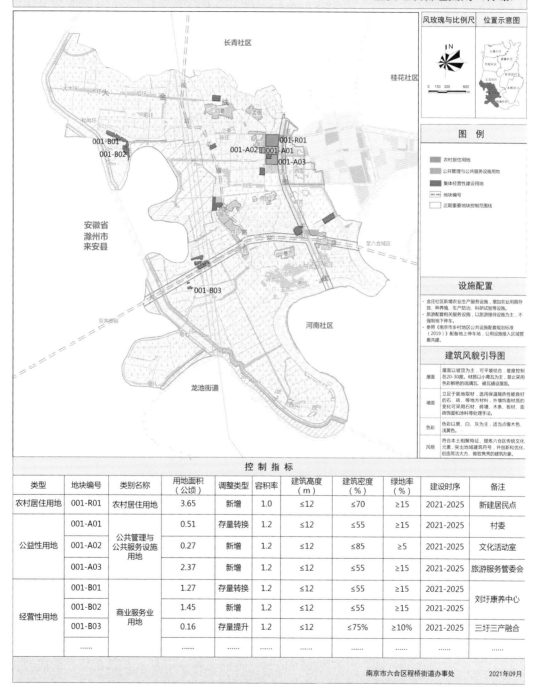

南京市六合区程桥街道金庄社区村庄规划（2021-2035）

05-1 重要地块管理图则（村域）

控制指标

类型	地块编号	类别名称	用地面积（公顷）	调整类型	容积率	建筑高度（m）	建筑密度（%）	绿地率（%）	建设时序	备注
农村居住用地	001-R01	农村居住用地	3.65	新增	1.0	≤12	≤70	≥15	2021-2025	新建居民点
公益性用地	001-A01	公共管理与公共服务设施用地	0.51	存量转换	1.2	≤12	≤55	≥15	2021-2025	村委
	001-A02		0.27	新增	1.2	≤12	≤85	≥5	2021-2025	文化活动室
	001-A03		2.37	新增	1.2	≤12	≤55	≥15	2021-2025	旅游服务管委会
经营性用地	001-B01	商业服务业用地	1.27	存量转换	1.2	≤12	≤55	≥15	2021-2025	刘圩康养中心
	001-B02		1.45	新增	1.2	≤12	≤55	≥15	2021-2025	
	001-B03		0.16	存量提升	1.2	≤12	≤75%	≥10%	2021-2025	三圩三产融合
……			……	……	……	……	……	……	……	……

南京市六合区程桥街道办事处　　2021年09月

图11-8　南京市六合区程桥街道某村庄重要地块管理图则（村域）

资料来源：南京市六合区程桥街道办事处.南京市六合区程桥街道金庄社区村庄规划（2021—2035）[R].2021.

南京市六合区程桥街道金庄社区村庄规划（2021-2035）

05-2 重要地块管理图则（刘圩）

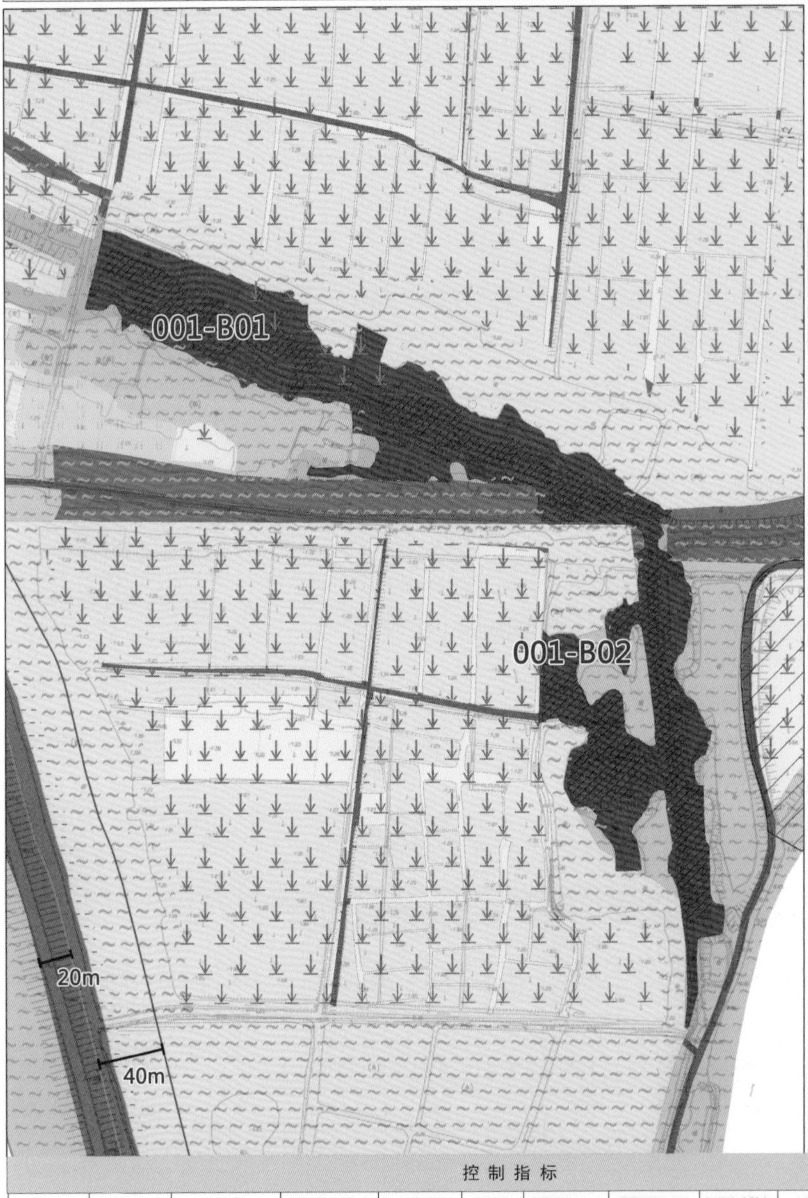

风玫瑰与比例尺

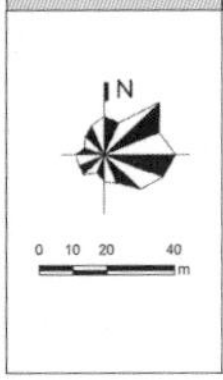

位置示意图

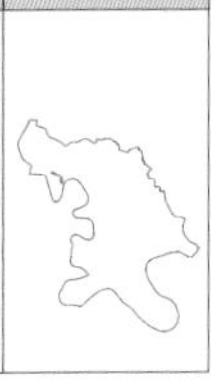

图例

现状地类	规划地类
农业空间	农业空间
耕地	永久基本农田
园地	耕地
林地	园地
草地	林地
乡村道路用地	草地
种植设施建设用地	乡村道路用地
	种植设施建设用地
建设空间	建设空间
城乡建设用地	农村居住用地
道路与交通设施用地	集体经营性建设用地
水工建筑用地	道路与交通设施用地
	水利设施用地
生态空间	生态空间
陆地水域	生态红线保护区
	陆地水域

特殊管控范围

村庄发展边界	文物保护范围
城镇集中建设区	文物建设控制地带
城镇开发边界	皂河、滁河管理范围
村庄建设控制区	皂河、滁河保护范围
省级生态管控区	高压廊道控制范围
一级公路两侧防护范围	

设施配置

- 金庄社区新增农业生产服务设施，增加农业用具存放、种养殖、生产防治、科研试验等设施。
- 旅游配套相关服务设施，以旅游接待设施为主，不强制地下停车。
- 参照《南京市乡村地区公共设施配套规划标准（2019）》配备地上停车场，公用设施接入区域管廊共建。

建筑风貌引导图

屋面	屋面以坡顶为主，可平坡结合，坡度控制在20-30度。材质以小青瓦为主，禁止采用色彩鲜艳的琉璃瓦、磁瓦铺设屋面。
墙面	立足于就地取材，选用保温隔热性能良好的石、砖、等地方材料，外墙饰面材质的变化可采用石材、砖墙、木条、板材、面砖饰面和涂料等处理手法。
色彩	色彩以黑、白、灰为主，适当点缀木色、浅黄色。
风格	符合本土相聚特征、提炼六合区传统文化元素，突出地域建筑符号，并创新和优化，创造简洁大方、雅致隽秀的建筑形象。

控制指标

类型	地块编号	类别名称	用地面积（公顷）	调整类型	容积率	建筑高度（m）	建筑密度（%）	绿地率（%）	建设时序	备注
经营性用地	001-B01	商业服务业用地	1.27	存量转换	1.2	≤12	≤55	≥15	2021-2025	刘圩康养中心
	001-B02		1.45	新增	1.2	≤12	≤55	≥15	2021-2025	

南京市六合区程桥街道办事处　　2021年09月

图11-9　南京市六合区程桥街道某村庄重要地块管理图则（刘圩）

资料来源：南京市六合区程桥街道办事处.南京市六合区程桥街道金庄社区村庄规划（2021—2035）[R].2021.

12.1 国土空间综合整治和生态修复

村庄规划应做好与国土空间全域综合整治的衔接，将整治任务、指标和布局要求落实到具体地块。

落实生态保护红线、各类自然保护地、生态公益林、水源保护地、河流湖泊保护段等保护任务和要求，优化村庄水系、林网、绿道等生态空间布局，加强植树绿化，并按照"慎砍树、禁挖山、不填湖"的原则，尽可能多地保留乡村原有地貌、自然形态等，系统保护好乡村自然风光和田园景观。

落实上级规划确定的国土空间综合整治（土地整理、工矿废弃地复垦利用、城乡建设用地增减挂钩、高标准农田建设等）和生态修复目标与项目安排，统筹考虑群众接受、经济适用、维护方便几方面要求，结合耕地和永久基本农田保护、生态保护修复、农村人居环境整治、乡村景观建设等工作，统筹谋划综合整治和生态修复活动，因地制宜开展国土综合整治和生态修复工作，进一步明确各类项目的具体任务、实施范围和实施时序。

1）摸清土地整治潜力。在上位规划或专项规划的指导下，进一步调查核实土地利用问题，全面摸清低效建设用地整治、低产田整理、未利用地开发、工矿废弃地复垦、水土流失治理、污染土地修复潜力。

2）划定土地综合整治区域。根据土地整治潜力调查分析结果，运用"山水林田湖草海生命共同体"理念，科学划定国土综合整治和生态修复区域。

3）策划土地综合整治项目。根据划定的土地综合整治区域，因地制宜策划土地综合整治项目，促进提升村庄生态环境质量整体水平。主要包括以下工程：

（1）高标准农田建设工程：针对未达到高标准农田建设要求的中低产田，开展高标准农田建设，平整土地，配套农田水利和道路设施，提升耕地质量，促进农田高产、稳产、旱涝保收；

（2）宜耕后备资源开发工程：在坡度较低、适宜开发为耕地的区域，实施宜耕后备资源开发工程，增加耕地面积；

12 规划实施措施与保障

（3）低效建设用地整治工程：针对废弃、闲置的宅基地，分布零散拟需撤村并点的农村居民点、闲置低效利用的经营性建设用地和公益性公共设施用地，开展农村建设用地整治工程，优化建设用地布局，促进土地节约集约利用，同时增加耕地面积，促进农民增产增收；

（4）工矿废弃地复垦工程：针对挖损地、塌陷地、压占地、毁损地和废弃地，开展废弃土地复垦工程，改善土地生态环境质量；

（5）水土流失治理工程：运用生物、工程等手段，对水土流失区域开展水土流失治理工作，改善生态环境；

（6）污染土地和水体恢复治理工程：运用化学、生物和工程等手段，对污染土地和水体进行生态修复治理，降低土地和水体污染水平，改善土地和水体生态环境质量。

表12-1　国土空间综合整治和生态修复项目表

序号	项目类型	项目名称	项目任务	建设规模	建设时序
	农用地整治				
	农村建设用地整治				
	生态修复				
	……				

有需要的，可在编制村庄规划时同步编制国土空间（全域）综合整治方案，统筹考虑农用地整治、建设用地整治、生态保护修复等规划内容和项目安排，将整治任务、指标和布局要求落实到具体地块。经国土空间综合整治产生的土地资源，优先作为耕地使用，鼓励按照永久基本农田标准进行建设，经验收后纳入永久基本农田储备区进行管理。鼓励按照高标准农田建设的要求，对田、水、路、林、村空间形态进行控制，对零散耕地和拟复垦地块进行土地整治，对田块的大小和方向提出设定，对农田水利、田间骨干工程和主要配套设施的平面布置作出规划，形成规模连片、田块适度、排灌有序、设施完整的耕地和永久基本农田系统，适应规模经营和现代农业生产需要。用地布局涉及永久基本农田调整的，按照相关法律法规及政策执行。

整治验收后腾退的建设用地指标，在保障所在乡镇农民安置、农村基础设施建设、公益事业等用地的前提下，重点用于农村一二三产业融合发展项目。节余的建设用地指标按照城乡建设用地增减挂钩政策，可在省域范围内流转。

河王湖村试点中统筹考虑农用地整理、建设用地整理、生态修复等规划内容和项目安排,将整治任务、指标和布局要求落实到了具体地块。

专栏12-1　南京市六合区河王湖村国土空间综合整治和生态修复主要内容

1. 农用地整理

运用高标准农田建设、耕地质量提升等国土综合整治手段实现高标准、高质量农田集中连片,提升产出水平。

坚守耕地红线。围绕落实国家粮食安全战略,坚持最严格的耕地保护制度,以大规模建设高标准农田为重点,合理安排土地整治重点项目,大规模推进高标准农田建设,确保耕地数量和质量有所提升,夯实农业现代化和粮食安全基础。牢固树立山水林田湖是一个生命共同体的理念,按照"田成方、树成行、路相通、渠相连、旱能灌、涝能排"的标准,建设旱涝保收的高标准农田。

高标准农田建设项目1个。落实《南京市六合区土地整治规划(2016—2020年)》,对村域中部地块进行高标准农田建设,用地规模103.11公顷,补充耕地规模3.29公顷。采取措施,引导因地制宜轮作休耕,改良土壤,提高地力,维护排灌工程设施,防止土地荒漠化、盐渍化、水土流失和土壤污染。及时分解落实高标准农田年度建设任务,同步发展高效节水灌溉。统筹整合各渠道农田建设资金,提升资金使用效益。规范开展项目前期准备、申报审批、招标投标、工程施工和监理、竣工验收、监督检查、移交管护等工作,实现农田建设项目集中统一高效管理。严格执行建设标准,确保建设质量。充分发挥农民主体作用,调动农民参与高标准农田建设积极性,尊重农民意愿,维护好农民权益。积极支持新型农业经营主体建设高标准农田,规范有序推进农业适度规模经营。

耕地质量提升项目3个。建设规模1 051.90公顷。通过对田、水、路、林、村的综合整治,改造和完善农业配套基础设施,对用地结构进行优化配置和合理布

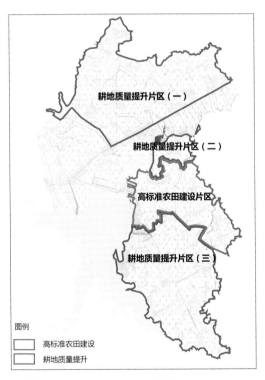

图12-1　高标准农田及耕地质量提升规划图

资料来源:根据项目实践自绘

局,增加有效耕地面积,改良土壤,完善农田水利设施,提高耕地质量,增加有效耕地面积,提高农业综合生产能力;实行田、水、路、林综合治理,提高农业抗御自然灾害能力;加强农田防护林等生态建设,逐步形成点、带、网、片相结合的复合生态系统,改善农田生态环境。

耕地质量提升项目的重点是"改、培、保、控"四字要领。"改":改良土壤。针对耕地土壤障碍因素,治理水土侵蚀,改良酸化、盐渍化土壤,改善土壤理化性状,改进耕作方式。"培":培肥地力。通过增施有机肥,实施秸秆还田,开展测土配方施肥,提高土壤有机质含量、平衡土壤养分,通过粮豆轮作套作、固氮肥田、种植绿肥,实现用地与养地结合,持续提升土壤肥力。"保":保水保肥。通过耕作层深松耕,打破犁底层,加深耕作层,推广保护性耕作,改善耕地理化性状,增强耕地保水保肥能力。"控":控污修复。控施化肥农药,减少不合理投入数量,阻控重金属和有机物污染,控制农膜残留。

2. 建设用地整理

运用闲置低效农村建设用地复垦和村庄优化布局等国土综合整治手段,调整土地利用结构,实现建设用地集约利用。其中闲置低效农村建设用地复垦项目3个,复垦规模0.59公顷。村庄优化布局项目29个,搬迁撤并类村庄至远期29个自然村,减少建设用地规模53.4公顷。

3. 生态修复

加强生态保护。落实生态文明建设要求,实施山水林田湖综合整治,加强生态环境保护和修复,坚持保护优先、自然修复为主,加强对水土流失等严重的环境敏感区、脆弱区土地生态环境整治,提高土地生态服务功能,筑牢生态安全屏障。运用生态修复等国土综合整治手段,促进农村绿色发展。保护现状湿地,按照湿地保护相关条例进行保护;连片打造湿地公园,适度增加游憩功能。生态修复项目8个,建设规模26.16公顷,近期涉及4.82公顷。

明确湿地管控规则。在全面保护、面积不减、不损害湿地生态功能的前提下,湿地资源可以进行合理利用:利用湿地资源从事生态旅游、科普教育、农业生产经营等活动,应当符合湿地保护规划。湿地范围内禁止进行以下行为:开(围)垦、填埋湿地;挖砂、取土、开矿、挖

图例
□ 自然生态空间修复

图12-2　生态修复项目分布图
资料来源:根据项目实践自绘

塘、烧荒；引进外来物种或者放生动物；破坏野生动物栖息地以及鱼类洄游通道；猎捕野生动物、捡拾鸟卵或者采集野生植物，采用灭绝性方式捕捞鱼类或者其他水生生物；取用或者截断湿地水源；倾倒、堆放固体废弃物、排放未经处理达标的污水以及其他有毒有害物质；其他破坏湿地及其生态功能的行为。

表12-2　国土空间综合整治和生态修复项目表

序号	项目类型	项目名称	项目任务	建设规模（公顷）	建设时序
1	农用地整理	河王湖耕地质量提升示范片区（二）	高标准农田建设，补充耕地规模3.293 9公顷	103.11	2020—2025年
2		耕地质量提升片区（一）	耕地质量提升	489.87	2020—2025年
……		……	……	……	……
	建设用地整治	吴庄（靠汪庄）现状经营性用地复垦项目	闲置低效农村建设用地复垦	0.33	2020—2025年
		何庄搬迁撤并	村庄优化布局	2.92	2030—2035年
		……	……	……	……
	生态修复	生态修复（一）	规划为河流水面用地	4.49	2020—2025年
		……	……	……	……

12.2　重点项目与实施时序

有需要的，可根据规划确定的目标任务，综合考虑人力、财力、村民需求和实施可操作性等各方面实际情况，统筹运用好促进村庄规划实施的相关政策工具，提出近期推进的农房建设、国土空间综合整治和生态修复、人居环境整治、产业发展、公共服务和公用设施建设等项目安排，形成近期（3—5年）实施计划及项目库（表）。

表12-3　近期实施项目库（表）

项目类型	项目编号	项目名称	项目位置	用地规模（公顷）
公共服务和公用设施项目				
农房项目				

续表

项目类型	项目编号	项目名称	项目位置	用地规模（公顷）
国土空间综合整治项目				
产业发展项目				
其他项目				

备注：表格内容可根据实际需要进行调整。

如，南京市河王湖村庄试点中综合考虑河王湖村的人力、财力、村民需求和实施可操作性等各方面实际情况，规划提出了近期农用地整理、建设用地整治、生态修复、产业发展、农村服务设施建设等40项重点项目安排，形成近期实施计划及项目库（表）。

专栏12-2 河王湖村近期实施计划及项目

农用地整理类项目共4项，其中1项高标准农田建设项目，建设规模103.11公顷；3项耕地质量提升项目，建设规模1 051.90公顷。

建设用地整治类项目共9项，建设规模9.18公顷；分别为吴庄（靠汪庄）现状经营性用地复垦项目、汤庄现状经营性用地复垦项目、花园现状经营性用地复垦项目、岗吴搬迁撤并、郭庄搬迁撤并、新庄（靠吴庄）搬迁撤并、三马搬迁撤并、邵营搬迁撤并和汤庄搬迁撤并。

生态修复类项目共3项，建设规模4.90公顷；分别为周庄水库上下游小流域整治，周庄水库内生态修复；河王坝水库东侧生态修复。

产业发展类项目共7类，其中，设施农业项目3类，建设规模3.05公顷，分别为扩建春雨家庭农场农家乐、规划智能化改造现状养殖场、新增晒谷场；生产条件改善类项目4类，分别为水塘整治与清淤、新增硬质化干渠、新增一级泵站、新增硬质化干渠。

农村服务设施类项目主要为公共设施、市政公用设施、道路交通三种类型。其中，公共设施项目为汪庄新建1所用地面积0.25公顷幼儿园和1处面积0.50公顷社区游园；在汪庄、李庄、周庄、东陈、杨庄、彭庄、山湖、蔡桥新建体育活动站/场，每处面积不低于0.06公顷。市政公用设施项目为在友谊、东陈、蔡桥、东马新建4处公共停车场；在吴营、汪北新建2处垃圾收集点；在汪庄、东马、周庄新建3处公共厕所，每处建筑面积不低于60平方米；在汪庄、蔡桥、彭庄、松林、友谊、独山杨（杨庄）、小王庄（靠山湖）新建7处污水处理设施。道路交通项

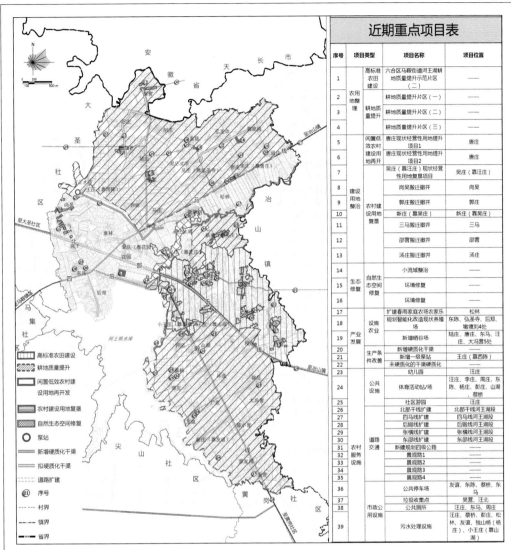

图12-3　近期重点项目图
资料来源：根据项目实践自绘

目为扩建北部干线河王湖段、四马线河王湖段、后锻线河王湖段、张曹线河王湖段和东邵线河王湖段；在杨庄、汪庄、蛮庄新建四级公路；新建4条景观路。

表12-4　近期实施项目库

项目类型		项目编号	项目名称	项目位置	建设规模
农用地整理	高标准农田建设	1	河王湖耕地质量提升示范片区（二）	杨庄、汪庄、吴庄（靠汪庄）、李庄、小王庄（靠山湖）、王庄（靠山湖）、蛮庄、彭庄、汪北、汪营	103.11公顷

项目类型		项目编号	项目名称	项目位置	建设规模
农用地整理	耕地质量提升	2	耕地质量提升片区（一）	邵营、石庄、郭庄、王庄（靠西陈）、西陈、孙井、马庄、汤庄、陆庄、胡庄、东陈、吴庄（靠弘圣寺）、弘圣寺、郭家岗、松林、唐庄、朱庄（靠唐庄）、周庄	489.87公顷
		......	......		......
建设用地整治	农村建设用地复垦		吴庄（靠汪庄）经营性用地复垦项目	吴庄（靠汪庄）	0.08公顷
			邵营搬迁撤并	邵营	1.41公顷
			......	......	......
生态修复	自然生态空间修复		小流域整治	周庄水库上下游	4.49公顷
			生态修复	周庄水库内	0.33公顷
			......	......	......
产业发展	设施农业		扩建春雨家庭农场农家乐	松林	0.84公顷
			养殖场智能化改造	东陈、弘圣寺、后郑、墩塘刘	2公顷
			......	......	......
	生产条件改善		水塘整治与清淤	大冯营、东陈、陆庄、墩塘刘、彭庄、孙井、唐庄、友谊、周庄	—
			新增硬质化干渠	王庄、西陈、孙井、朱庄	1.79公里
			新增一级泵站	王庄	—
			......	......	......
农村服务设施	公共设施		幼儿园	汪庄	0.25公顷
			......		......
	市政公用设施		公共停车场	友谊、东陈、蔡桥、东马	—
	道路交通		北部干线扩建	北部干线河王湖段	4.63公里
			新建四级公路	杨庄、汪庄、蛮庄	1.60公里
			景观路1	李庄、小王庄（靠山湖）、何庄、蔡桥、邵庄、友谊、广庄	3.35公里
			......	......	......

第五篇

成果与报批

5

13.1　成果构成

规划成果内容可分为基本内容和选做内容,各地可根据村庄发展需求和规划管理工作需要,因地制宜确定编制的内容和深度。规划成果既要便于基层管理使用,也要便于村民理解接受和监督实施。鼓励以前图后则、图文并茂等形式,形成简明扼要、通俗易懂的规划成果。

（1）基本内容

包括现状分析、发展目标、用地布局规划、国土空间用途管控、公共服务设施、道路交通、耕地和永久基本农田保护等规划内容,并应满足报批成果所需要求。

（2）选做内容

在基本内容的基础上,结合村庄发展实际需要,合理选择规划编制内容和深度。后续如因村庄发展和管理需要细化或增加的规划编制内容,应符合上级规划和村庄规划基本内容的要求,按照相关程序审批通过后,可作为村庄规划的组成部分。

13
村庄规划成果构成及表达

专栏13-1　规划文本参考框架

一、总则

1. 规划原则

2. 规划依据

3. 规划范围

4. 规划期限

二、目标定位

1. 发展目标与定位

2. 规划指标表

3. 自然村庄分类

三、用地布局与用途管控

1. 用地布局规划

2. 国土空间用途管控

（1）农业空间

（2）生态空间

（3）建设空间

四、公共服务与公用设施规划

1. 道路交通规划

2. 公共服务设施规划

3. 公用设施规划*

4. 防灾减灾规划*

五、国土空间综合整治和生态修复*

1. 农用地整治

2. 建设用地整治

3. 生态保护与修复

六、产业空间引导*

1. 产业发展策略

2. 空间布局引导

3. 集体经营性建设用地

七、历史文化保护与特色塑造*

1. 历史文化名村（传统村落）保护

2. 特色风貌引导

八、人居环境整治规划*

九、重点地区布局与图则管控*

十、农村居民点规划*

1. 总平面布局

2. 建筑风貌引导

3. 乡村景观设计

4. 配套设施安排

十一、近期实施项目*

备注：标*内容原则上为可选做内容。

专栏13-2 图纸目录参考

一、必选图件

1. 土地利用现状图

2. 土地利用规划图

3. 近期实施项目图

4. 规划管控图则（近期有建设需求且建设需求较为明确的重点地区需要编制）

二、选做图件

1. 空间结构规划图

2. 道路交通规划图

3. 耕地和永久基本农田保护规划图

4. 国土空间综合整治和生态修复规划图

5. 历史文化保护规划图

6. 公共服务与公用设施规划图

7. 特色风貌引导示意图

8. 农村居民点平面布局图

9. 农村居民点效果示意图

10. 农房设计引导（推荐）图

11. 景观环境设计图

12. 配套设施规划图

13. 防灾减灾规划图

13.2 报批成果

向省自然资源厅报备的材料主要包括以下内容（包括纸质文件和电子文件，内容应保持一致）：

规划成果包括：（1）"两图、两表、一库、一清单"。其中，"两图"包括村域土地利用现状图和规划图，应为JPG格式，A3大小，像素不低于300 dpi；"两表"包括规划指标表和土地用途结构调整表；"一库"指规划数据库；"一清单"指规划项目清单。（2）规划批复文件。（3）县级及以上自然资源主管部门报备请示文件。其他规划成果和审批过程性文件应留存备查，无需提交。

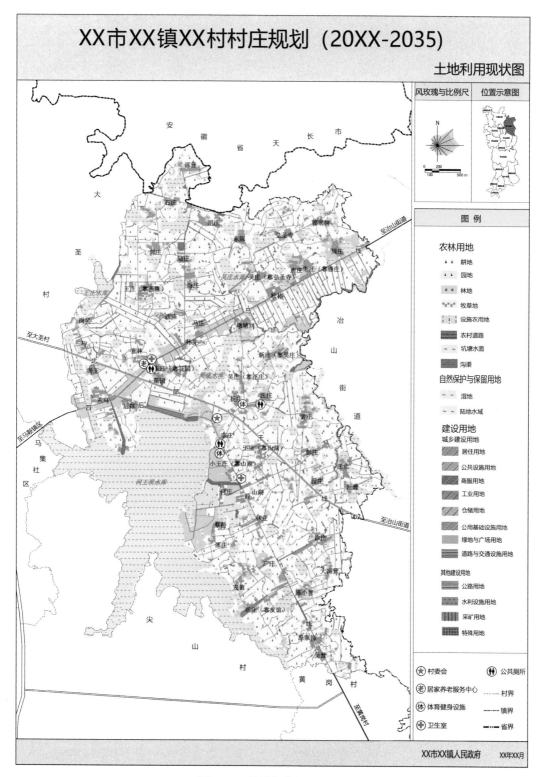

图13-1 村域土地利用现状图
资料来源：根据项目实践自绘

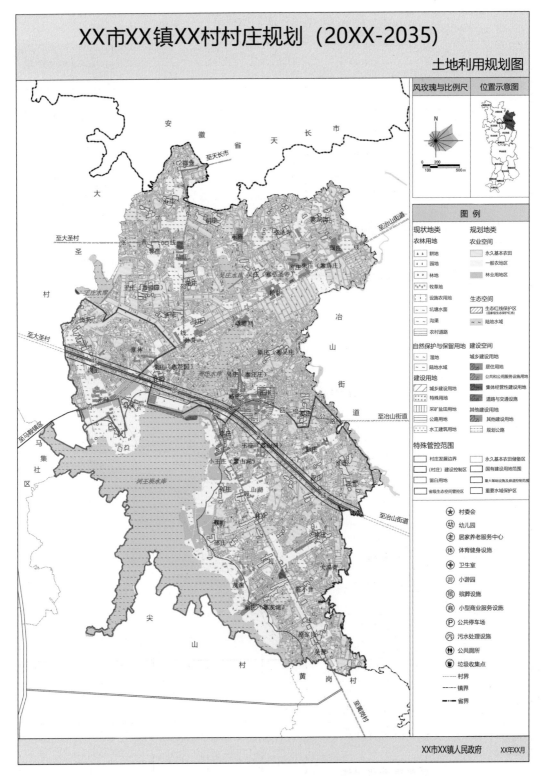

图13-2　村域土地利用规划图

资料来源：根据项目实践自绘

表13-1　规划指标表

指　　标	基期年	目标年	变化量	属性	备注
户数(户)				预期性	
户籍人口规模(人)				预期性	
常住人口规模(人)				预期性	
耕地保有量(公顷)				约束性	
永久基本农田保护面积(公顷)				约束性	
生态保护红线面积(公顷)				约束性	
建设用地规模(公顷)				约束性	
集体经营性建设用地规模(公顷)				预期性	
规划流量指标(公顷)				预期性	
建设用地机动指标(公顷)				预期性	
新增宅基地户均用地标准(平方米)				约束性	

备注：以上指标为村庄规划必备内容。各地可根据上级规划要求和实际需要，在此基础上增加相关规划指标。表中没有指标值的填"—"，下同。

表13-2　土地用途结构调整表

单位：公顷、%

分类			规划基期年		规划目标年		规划期内面积增减
			面积	比重	面积	比重	
农林用地		耕地					
		园地					
		林地					
		牧草地					
		其他农用地					
		合计					
建设用地	城乡建设用地	居住用地					
		其中　城镇住宅用地					
		其中　农村住宅用地					
		其中　农村生产生活服务设施用地					
		公共管理与公共服务设施用地					
		商业服务业用地					
		工业用地					

续表

分类			规划基期年		规划目标年		规划期内面积增减
			面积	比重	面积	比重	
建设用地	城乡建设用地	仓储用地					
		道路与交通设施用地					
		公用设施用地					
		绿地与广场用地					
		留白用地					
		小计					
	其他建设用地	区域基础设施用地					
		特殊用地					
		矿业用地					
		小计					
	合计						
自然保护与保留用地	湿地						
	其他自然保留地						
	陆地水域						
	合计						
总计							

备注：根据上级规划要求和实际需要可适当调整本表内容。

表13-3　规划项目清单

项目类型		项目内容	对应用地代码	备注
产业	休闲与观光农业项目	休闲农场、农业公园、观光农园等	090101 090103 090104 090301 090302	
	乡村旅游项目	生态农庄、生态农业产业园等	090101 090103 090104	

续表

项目类型		项目内容	对应用地代码	备注
产业	农产品加工项目	粮油加工、果蔬加工、畜产加工等	110101	
	农产品冷链、物流仓储、市场项目	服务于本地农副产品生产销售的冷链项目、物流仓储项目等	110101	
	规模化养殖项目	规模化畜禽养殖、生态水产养殖等	0603 0604	
	农业生产性服务项目	农业市场信息服务、农资供应服务等	0704	
公共设施	政务服务设施	党群服务中心等	0704	
	公共教育设施	幼儿园等	0804	
	公共医疗卫生设施	卫生室等	0704	
	公共文化设施	文化活动室等	0704	
	体育设施	体育活动站/场等	0704	
	社会福利与保障设施	居家养老服务站、残疾人活动中心	0704	
公共设施	公共安全设施	警务室等	0704	
	生活服务设施	小型商业服务设施、农村电商服务站等	0704	
基础设施	公共交通设施	公共停车场、镇村公交等	120803	
	市政公用设施	垃圾收集点、垃圾收集站、生活污水处理、公共厕所等	13	

备注：表格内容可根据实际需要进行调整。建设用地机动指标仅适用于农村公共公益设施和零星分散的农村一二三产融合发展项目用地。

说明：为了促进乡村振兴，增加村庄规划的弹性，乡村产业在符合业态要求和管控要求时，都可予以安排。有预留的规划指标安排，且不涉及永久基本农田的项目，可视同符合规划。

13.3　公示成果

村庄规划批复后，要形成规划公开成果向村民进行公布。规划公开成果应包括土地利用规划图、用途管制规则或要求，以及必要的规划示意图等内容。通过制作规划公示展板、编制规划宣传册和开展移动互联宣传等形式，公开规划成果，做到"阳光规划""掌上规划"。规划公开成果应简明易懂、方便村民理解和使用，内容和样式可参照以下格式制定，也可由市县自然资源主管部门根据地方实际需要统一制定并公布。

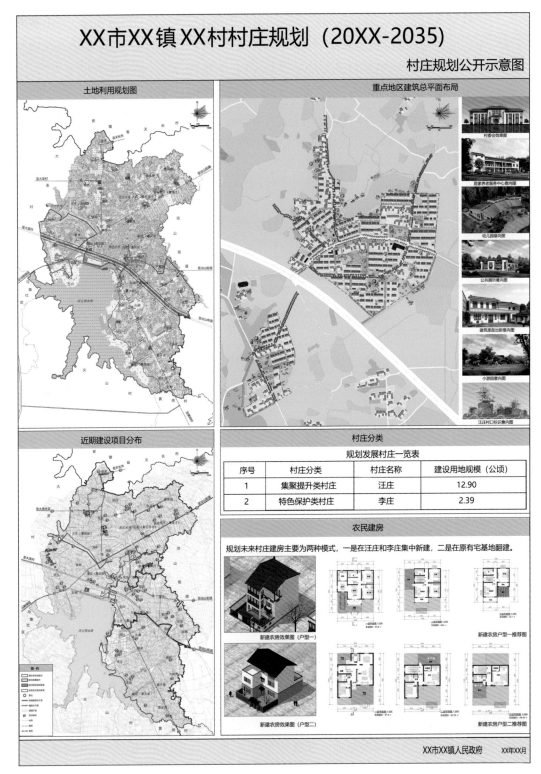

图13-3　村庄规划公开示意图

资料来源：根据项目实践自绘

村庄规划公开公示主要包括村庄建设边界线内部宅基地、公共服务设施、公用基础设施以及历史文化保护、安全和综合防灾减灾、重点建设项目等具体空间安排的规划图则，近期项目实施表，可纳入村民公约的管制规则，宅基地和其他建设用地报批流程，违法用地举报电话，以及规划成果互联网浏览"二维码"等信息和内容。

结合当地现有村规民约的规定及行文风格，对村庄规划管制要求进行凝练提取，并制定村庄规划的村规民约内容建议和条款，纳入村规民约进行贯彻实施。

附件必须包括村委会审议意见和村民会议或村民代表会议讨论通过的决议、专家论证意见、规划公示及相关意见采纳情况说明。

14 规划报批

村庄规划应当按照村民审议、规划成果审查、规划审批程序和规划执行四个流程依法进行规划审批。

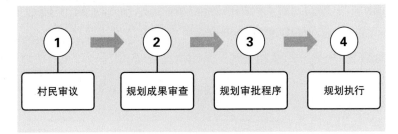

图14-1 村庄规划审批流程图
资料来源：根据相关文件整理自绘.

14.1 村民审议

村委会对村庄规划方案进行审议，形成审议意见；村委会组织召开村民会议或者村民代表会议，对村庄规划方案及村委会审议意见进行讨论，并应经到会村民或者村民代表过半同意后形成决议。

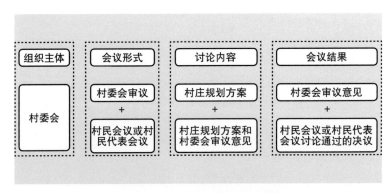

图14-2 村庄规划村民审议示意图
资料来源：根据相关文件整理自绘

14.2 规划成果审查

规划成果审查应当包括技术论证与审查和数据库审查两个方面。

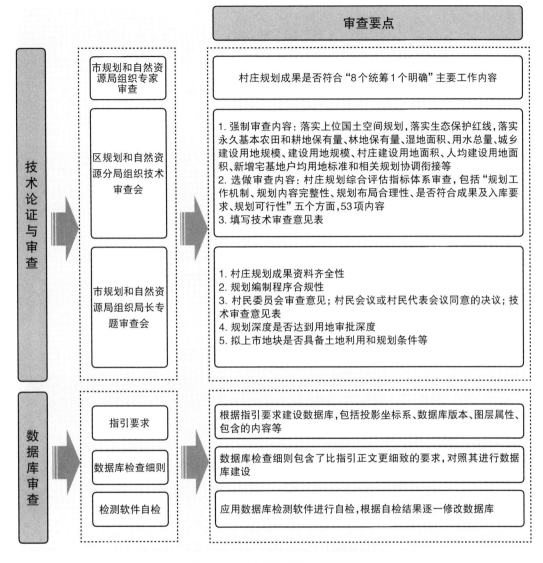

图14-3　村庄规划成果审查示意图
资料来源：根据相关文件整理自绘

1.技术论证与审查

县（市、区）自然资源主管部门组织专家对镇（街道）政府上报成果进行技术审查，重点审查强制性审查内容；必要的情况下，可以审查选做的审查内容。

强制审查内容包括落实上位国土空间规划，落实生态保护红线，落实永久基本农田和耕地保有量、林地保有量、湿地面积、用水总量、城乡建设用地规模、建设用地规模、村庄建设用地面积、人均建设用地面积、新增宅基地户均用地标准和相关规划协调衔接等。

选做审查内容包括"规划工作机制、规划内容完整性、规划布局合理性、是否符合成果及入库要求、规划可行性"五个方面,53项内容;针对审查内容填写技术审查意见表。

对于需要报请地级市政府审批的,市自然资源主管部门组织专题审查会,重点审查村庄规划成果资料齐全性;规划编制程序合规性;村民委员会审查意见;村民会议或村民代表会议同意的决议;技术审查意见表;规划深度是否达到用地审批深度;拟上市地块是否具备土地利用和规划条件;等等。

2. 数据库审查

数据库审查包括对照指引要求审查;对照数据库检查细则审查和检测软件自检。具体内容如下:

指引要求审查,重点审查数据库是否根据指引要求建设数据库,包括投影坐标系、数据库版本、图层属性、包含的内容等。

数据库检查细则审查,重点审查比指引正文更细致的要求,对照其进行数据库建设。

检测软件自检,应用数据库检测软件进行自检,根据自检结果逐一修改数据库。

14.3 规划审批程序

规划审批程序包含规划批前公示、规划审批、规划公开和规划报备四个环节。

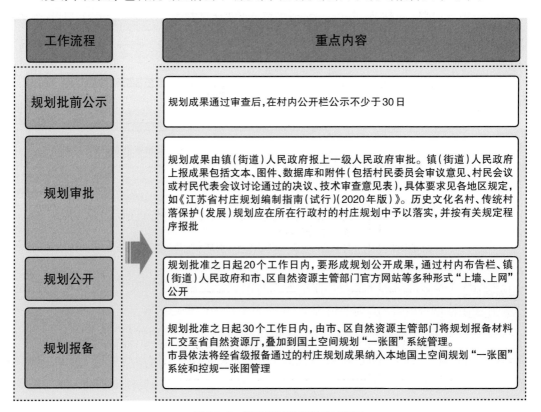

图14-4 村庄规划审批程序示意图

资料来源:根据相关文件整理自绘

1.规划批前公示

规划成果通过审查后,在村内公开栏公示不少于30日。公示成果包括"1图1表1则",分别为土地利用规划图、近期实施项目库(表)、国土空间用途管制通则。

2.规划审批

村庄规划成果经公示后,由镇(街道)人民政府报上一级人民政府审批。

镇(街道)人民政府上报成果包括文本、图件、数据库和附件(包括村民委员会审议意见、村民会议或村民代表会议讨论通过的决议、技术审查意见表),具体要求见各地区规定,如《江苏省村庄规划编制指南(试行)》(2020年版)。历史文化名村、传统村落保护(发展)规划应在所在行政村的村庄规划中予以落实,并按有关规定程序报批。

3.规划公开

规划批准之日起20个工作日内,要形成规划公开成果,通过村内布告栏、镇(街道)人民政府和市、区自然资源主管部门官方网站等多种形式"上墙、上网"公开。

镇(街道)人民政府应当加强村庄规划的宣传普及,向村民委员会提供全套规划成果,供村民查阅。

4.规划报备

村庄规划成果(含修改、新编的规划成果)批准之日起30个工作日内,由市、区自然资源主管部门将规划报备材料汇交至省自然资源厅,叠加到国土空间规划"一张图"系统管理。

市县依法将经省级报备通过的村庄规划成果,纳入本地国土空间规划"一张图"系统和控规一张图管理。

14.4 规划执行

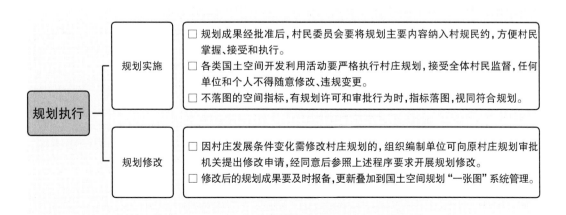

图14-5 村庄规划执行示意图
资料来源:根据相关文件整理自绘

1. 规划实施

村庄规划成果一经批准,具有法定效力,必须严格执行。

村民委员会要将规划主要内容纳入村规民约,方便村民掌握、接受和执行;各类国土空间开发利用活动要严格执行村庄规划,接受全体村民监督,任何单位和个人不得随意修改、违规变更;不落图的空间指标,有规划许可和审批行为时,指标落图,视同符合规划。

2. 规划修改

经依法批准的村庄规划未经法定程序不得修改,因村庄发展条件变化需修改村庄规划的,组织编制单位可向原村庄规划审批机关提出修改申请,经同意后参照上述程序要求开展规划修改;修改后的规划成果要及时报备,更新叠加到国土空间规划"一张图"系统管理。

以下情况可以对村庄规划成果进行修改:一是行政区划调整;二是上位规划发生重

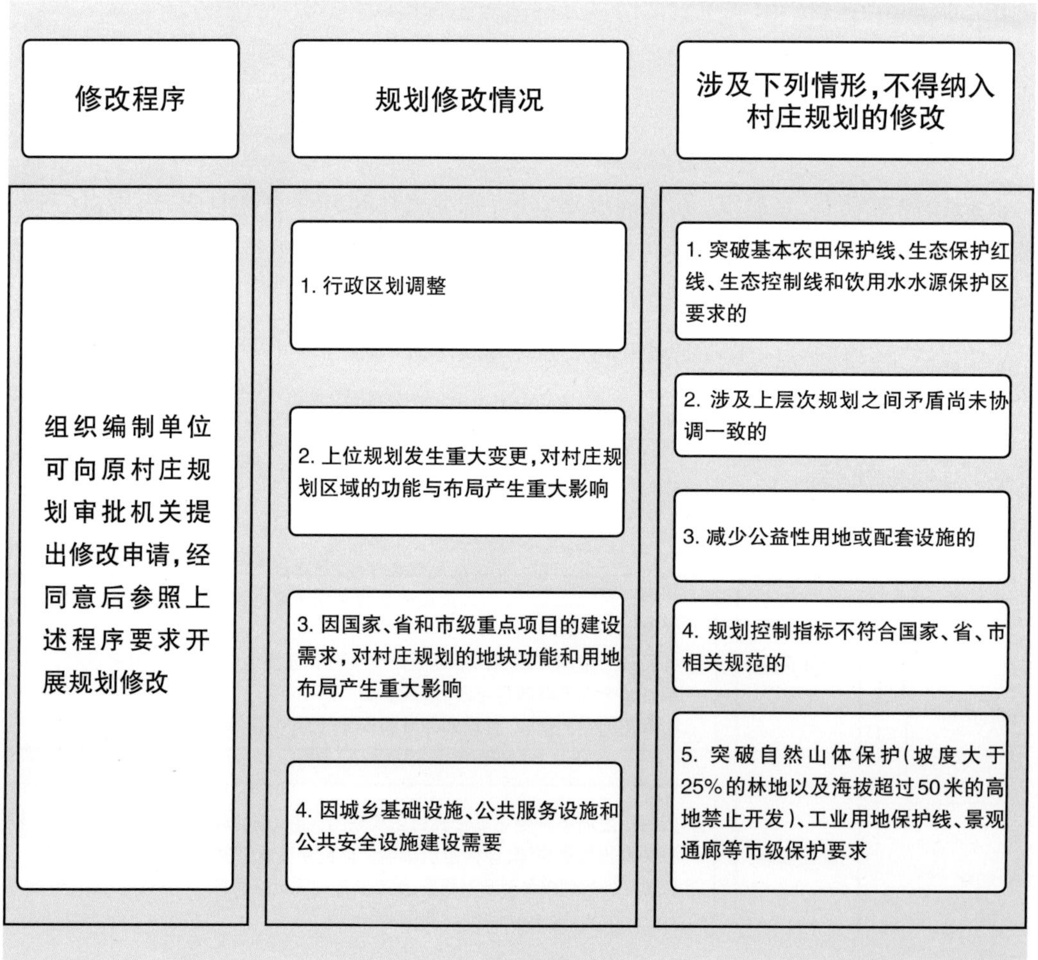

修改程序	规划修改情况	涉及下列情形,不得纳入村庄规划的修改
组织编制单位可向原村庄规划审批机关提出修改申请,经同意后参照上述程序要求开展规划修改	1. 行政区划调整	1. 突破基本农田保护线、生态保护红线、生态控制线和饮用水水源保护区要求的
	2. 上位规划发生重大变更,对村庄规划区域的功能与布局产生重大影响	2. 涉及上层次规划之间矛盾尚未协调一致的
	3. 因国家、省和市级重点项目的建设需求,对村庄规划的地块功能和用地布局产生重大影响	3. 减少公益性用地或配套设施的
	4. 因城乡基础设施、公共服务设施和公共安全设施建设需要	4. 规划控制指标不符合国家、省、市相关规范的
		5. 突破自然山体保护(坡度大于25%的林地以及海拔超过50米的高地禁止开发)、工业用地保护线、景观通廊等市级保护要求

图14-6 村庄规划规划修改示意图
资料来源:根据相关文件整理自绘

大变更,对村庄规划区域的功能与布局产生重大影响;三是因国家、省和市级重点项目的建设需求,对村庄规划的地块功能和用地布局产生重大影响;四是因城乡基础设施、公共服务设施和公共安全设施建设需要。

涉及下列情形,不得纳入村庄规划的修改:一是突破基本农田保护线、生态保护红线、生态控制线和饮用水水源保护区要求的;二是涉及上层次规划之间矛盾尚未协调一致的;三是减少公益性用地或配套设施的;四是规划控制指标不符合国家、省、市相关规范的;五是突破自然山体保护(坡度大于25%的林地以及海拔超过50米的高地禁止开发)、工业用地保护线、景观通廊等市级保护要求。

参 考 文 献

1. 汪晓春. 乡村规划体系构建研究：以江苏实践为例 [D]. 哈尔滨：哈尔滨工业大学，2018.

2. 李京生. 乡村规划原理 [M]. 北京：中国建筑工业出版社，2018.

3. 郭紫薇，洪亮平，乔杰，等. 英国乡村分类研究及对我国的启示 [J]. 城市规划，2019，43（3）：76.

4. 屠帆，宋海荣，郭洪泉. 美国乡村社区规划经验及借鉴 [J]. 中国土地，2017（9）：52.

5. 张尚武，孙莹. 城乡关系转型中的乡村分化与多样化前景 [J]. 小城镇建设，2019（2）：5.

6. 易鑫. 德国的乡村规划及其法规建设 [J]. 国际城市规划，2010（2）：11.

7. 安国辉，等. 村庄规划教程 [M]. 北京：科学出版社，2019.

8. 张泉，王晖，梅耀林，赵庆红. 村庄规划 [M]. 北京：中国建筑工业出版社，2011.

9. 陈芳惠. 村落地理学 [M]. 台北：五南图书出版公司，1984.

10. 李和平，贺彦卿，付鹏，等. 农村型乡村聚落空间重构动力机制与空间响应模式研究 [J]. 城市规划学刊，2021（1）：38.

11. 袁丽萍，王文卉，黄亚平. 城市外围"非建设区"相关概念辨析与规划实践应用探讨 [C]// 活力城乡，美好人居：2019 中国城市规划年会论文集（14 规划实施与管理），2019.

12. 冯雨峰，陈玮. 关于"非城市建设用地"强制性管理的思考 [J]. 城市规划，2003（8）：68.

13. 张茜，赵彬，周文. 非集中建设区规划路径与技术方法研究：以南京江北新区非集中建设区为例 [C]// 活力城乡，美好人居：2019 中国城市规划年会论文集（08 城市生态规划），2019.

14. 刘沛林. 论中国古代的村落规划思想 [J]. 自然科学史研究，1998，17（1）：82-90.

15. 侯静珠. 基于产业升级的村庄规划研究 [D]. 苏州：苏州科技学院，2010.

16. 叶红.珠三角村庄规划编制体系研究[D].广州：华南理工大学,2015.

17. 何兴华.口述历史,规划下乡六十年[R/OL].https://www.sohu.com/a/285073631_656518.

18. 温锋华.中国村庄规划理论与实践[M].北京：社会科学文献出版社,2017.

19. 黄征学,蒋仁开,吴九兴.国土空间用途管制的演进历程、发展趋势与政策创新[J].中国土地科学,2019（6）：1-9.

20. 汪毅,何淼.新时期国土空间用途管制制度体系构建的几点建议[J].城市发展研究,2020（2）：25-29.

21. 祁帆,贾克敬,邓红蒂,等.自然资源用途管制制度研究[J].国土资源情报,2017（9）：11-18.

22. 王竹韵,常江.中国乡村建设演变历程及展望[J].建筑与文化,2019（3）：81-84.

23. 陈铭.关于村土地利用规划试点工作的几点思考[J].浙江国土资源,2016（11）：45.

24. 苏国强.村土地利用规划编制研究：以内蒙古兴和县十二号村为例[D].呼和浩特：内蒙古师范大学,2018.

25. 王群,张颖,王万茂.关于村级土地利用规划编制基本问题的探讨[J].中国土地科学,2010（3）：19-24.

26. 袁敏,王三,刘秀华,王成.土地利用规划体系的研究[J].西南大学学报（自然科学版）,2008（11）：95.

27. 谭彩莲,黄春芳,唐云松.我国土地利用规划体系存在的不足及对策[J].安徽农业科学,2009（7）：3159.

28. 叶丽丽,付洒,崔许锋,梁彬.村土地利用规划编制关键性问题分析：基于村土地利用特征的思考[J].中国国土资源经济,2018（6）：52-53.

29. 雒海潮,刘荣增.国外城乡空间统筹规划的经验与启示[J].世界地理研究,2014,23（2）：69.

30. 于立,那鲲鹏.英国农村发展政策及乡村规划与管理[J].中国土地科学,2011,25（12）：78.

31. 刘玲.基于政策视角的战后日本乡村规划变迁研究[D].北京：北京建筑大学,2017.

32. 刘健.基于城乡统筹的法国乡村开发建设及其规划管理[J].国际城市规划,2010,25（2）：4.

33. 申明锐.乡村项目与规划驱动下的乡村治理：基于南京江宁的实证[J].城市规划,2015（10）：83-90.

34. 汪毅,何淼.大城市乡村地区的空间管控策略[J].规划师,2018（9）：117-121.

35. 陈小卉,闾海.国土空间规划体系建构下乡村空间规划探索：以江苏为例[J].城市规划学刊,2021（1）：76.

36. 金兆森,陆伟刚,等.村镇规划[M].南京:东南大学出版社,2017.

37. 刘洋.乡村振兴战略背景下城郊融合类村庄空间发展策略研究:以北京求贤村为例[D].北京:北京建筑大学,2020.

38. 郭萌萌.互联网影响下乡村综合发展规划的编制研究[D].哈尔滨:哈尔滨工业大学,2017.

39. 刘馨月."多规合一"导向下的村庄规划编制方法研究[D].西安:长安大学,2017.

40. 李裕瑞,卜长利,曹智,等.面向乡村振兴战略的村庄分类方法与实证研究[J].自然资源学报,2020(2):243.

41. 王印传,陈影,曲占波.村庄规划的理论、方法与实践[M],北京:中国农业出版社,2015.

42. 林忠庆.乡村振兴战略背景下村土地利用规划编制研究:以福建省永安市东风村为例[D].福州:福建农林大学,2018.

43. 李高峰.不同类型村庄土地利用结构优化及空间管控研究:以和林格尔县为例[D].呼和浩特:内蒙古师范大学,2019.

44. 广州市国土资源和规划委员会.广州市村庄道路规划技术指引(试行)[Z].2018.

45. 张立,王丽娟,李仁熙.中国乡村风貌的困境、成因和保护策略探讨:基于若干田野调查的思考[J].国际城市规划,2019(5):61.

46. 贺云翱.乡村振兴要高度重视文化遗产的保护利用[N].人民政协报,2019-11-04(9).

47. 汪坚强.迈向有效的整体性控制:转型期控制性详细规划制度改革探索[J].城市规划,2009(10):63-64.

48. 吴晓勤,高冰松,汪坚强.控制性详细规划编制技术探索:以《安徽省城市控制性详细规划编制规范》为例[J].城市规划,2009(3):39.

49. 王旸,石华,邵波,潘强.郊野地区全域控制性详细规划技术路径探索:基于国土空间规划语境[J].城市规划,2020增刊(1):85.

50.《城市规划学刊》编辑部."空间治理体系下的控制性详细规划改革与创新"学术笔谈会[J].城市规划学刊,2019(3):5.

51. 赵广英,李晨.国土空间规划体系下的详细规划技术改革思路[J].城市规划学刊,2019(4):37-46.

52. 黄明华,赵阳,高靖葆,王阳.规划与规则:对控制性详细规划发展方向的探讨[J].城市规划,2020(11):52-57.